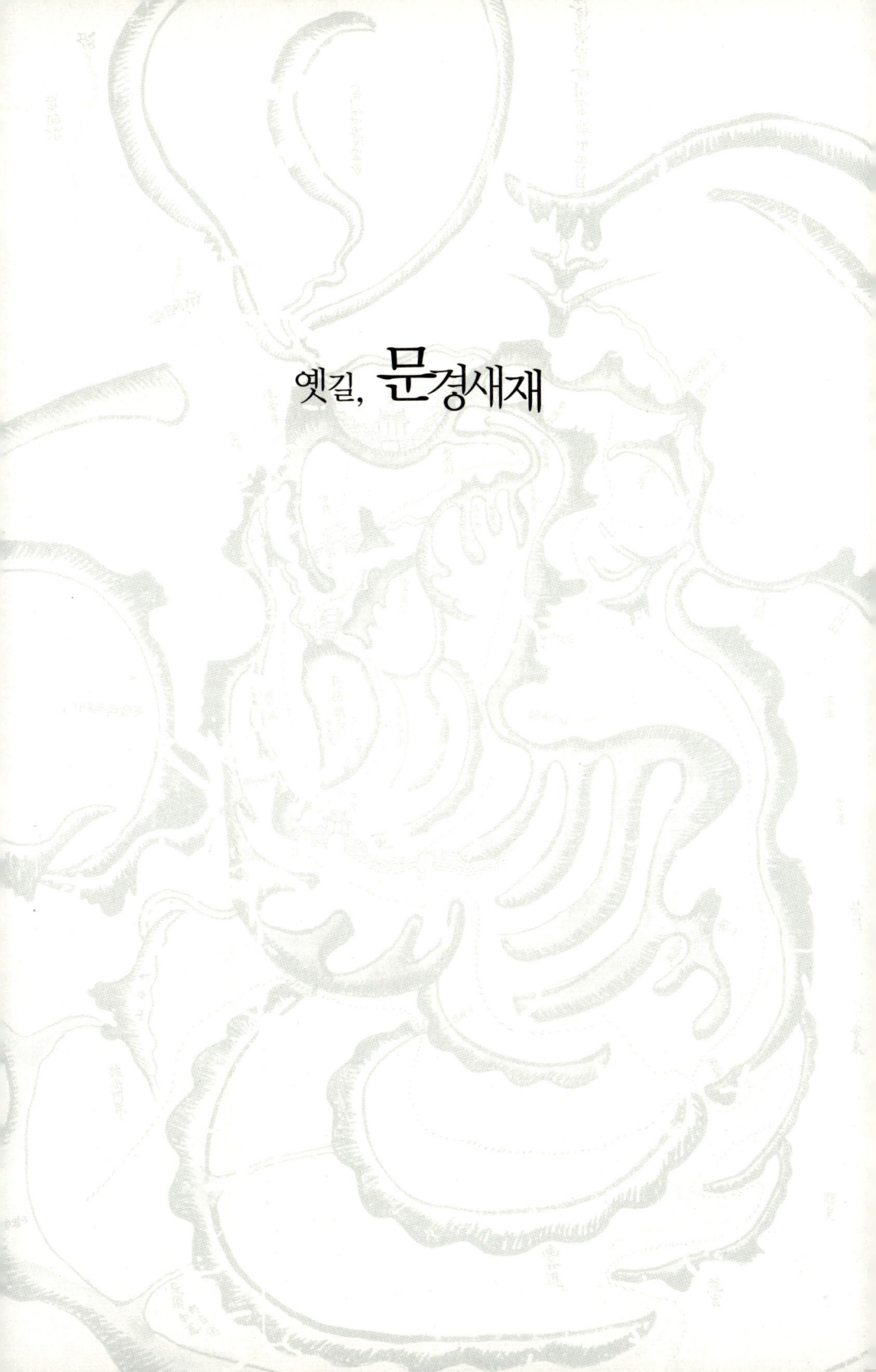

옛길, 문경새재

옛길, 문경새재

초판 1쇄 발행 | 2012년 2월 15일
초판 2쇄 발행 | 2014년 3월 10일

글 | 안태현
발행인 | 김남석

편집이사 | 김정옥
디자인 | 임세희
전 무 | 정만성
영업부장 | 이현석

발행처 | (주)대원사
주 소 | 135-945서울시 강남구 양재대로 55길 37, 302(일원동, 대도빌딩)
전 화 | (02)757-6711, 757-6717~6719
팩시밀리 | (02)775-8043
등록번호 | 등록 제3-191호
홈페이지 | www.daewonsa.co.kr

값 15,000원

ⓒ 2012 안태현

Daewonsa Publishing Co., Ltd.
Printed in Korea 2012

ISBN | 978-89-369-0812-6 03900

옛길, 문경새재

대원사

문경새재는 웬 고갠가?

문경새재 ⓒ 서헌강

　우리는 늘 길을 걷고 있으면서도 지금 걸어가고 있는 이 길이 주는 의미에 대해
생각해 본 적은 별로 없다. 오로지 도착하고자 하는 목적이나 결과에 관심이 있을
뿐, 그 과정에 대해서는 무심코 지나치곤 한다. 그러나 역사 속에 찬란했던 민족이
나 훌륭한 인물들의 모습을 돌이켜 보면 알 수 있듯이, 목적이나 결과보다도 오히
려 그 과정을 소중히 여길 때 우리의 꿈과 희망은 더욱 가치 있는 것이 된다. 문경새
재는 우리가 매일 걷고 있는 길에 대한 이야기다.

　　나라 안에 제일 가는 옛길로 손색이 없을 만큼 아름답고 평화로우며 한적한 고개
가 바로 문경새재다. 그래서 옛길을 좋아하는 사람들의 발길이 오늘도 끊이지 않고
있다. 〈신정일, 문화사학자〉

　　백두대간을 넘어가고 넘어오던 숱한 민중들의 발품의 역사 또한 그 길섶에 고스
란히 묻혀 있다. 조선왕조 5백 년이 흐르는 동안 새재는 그렇게 나라 산천에 걸린
수많은 고개 중의 고개, 무릇 조선 팔도 고갯길의 대명사가 되었다. 〈김하돈, 시인〉

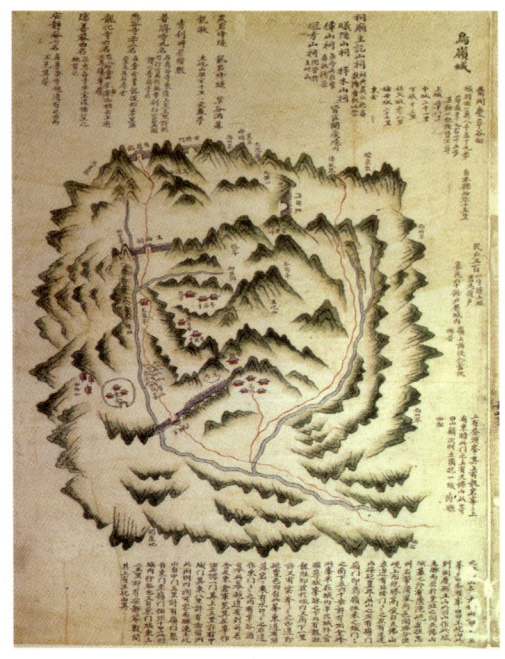

『해동지도』 5권에 기록되어 있는 '조령성'.
문경새재 일대가 잘 묘사되어 있다.
ⓒ 규장각

　문경새재는 백두대간이 남서쪽으로 뻗어나가는 경상북도 서북단에 위치하고 있다. 주흘산(해발 1106m)과 조령산(해발 1026m) 사이로 난 새재 옛길은 맑은 계곡과 함께 약 7km에 걸쳐 조선 시대 영남에서 한양을 오가던 큰길인 '영남대로'의 옛 모습을 그대로 간직하고 있다. 특히 주흘산은 예로부터 영남의 5대 명신으로 나라에서 봄과 가을, 축문과 향을 내려 보내 제사를 올리게 한 소사(小祀)터이다.

　'문경새재' 하면 먼저 청운의 꿈을 안고 한양 과거 길을 오르던 선비들이 떠오를 것이다. 예로부터 기쁘고 경사스러운 소식을 듣는 곳이라는 의미에서 '문경(聞들을 문 慶경사 경)'이라 이름하였다고 한다.

　문경새재 도립공원으로 지정되어 있는 이 곳에는 각종 문화재와 희귀 동식물이 널리 흩어져 있다. 먼저 '문경새재 옛길'이 국가지정문화재 명승 제32호로 지정되어 있고, 사적 제147호로 지정되어 있는 '문경 조령 관문'은 각각 주흘관(제1관문), 조곡관(제2관문), 조령관(제3관문)으로 명명되어 그 위용을 자랑한다.

　　임진왜란 때는 군사적으로 천혜의 요새인 이 곳을 막지 못하여 한양이 쉽게 함락 되었고, 선조는 의주까지 피신을 가는 수모를 겪기도 했다. 임진왜란의 쓰라린 경 험으로 나라에서는 문경새재에 성을 쌓게 하였는데, 선조 때 가장 먼저 2관문을 쌓 았고, 그 후 숙종 때 1관문과 3관문을 쌓아 오늘에 이르고 있다.

　　문경새재에는 순수 한글 비석인 '산불됴심 표석(경상북도 문화재 자료 제226호)'이 아직도 전하고 있어 자연을 아끼고 사랑했던 선조들의 지혜를 엿볼 수 있다. 또한 고 려 말, 공민왕이 홍건적의 난을 피해 이 곳에 머물러 나라에 은혜를 입었다는 절 혜 국사가 있다. 이 외에도 여행객들에게 편의를 제공하던 원(院)터, 군사들이 진을 쳤 던 군막터, 관찰사의 교인처인 교귀정, 나그네가 쉬어 가던 주막, 그리고 성황당, 산 신각, 선정비군 등이 남아 있다. 최근에는 옛길박물관, 생태공원, 드라마 촬영장이 자리잡아 관광 명소로 알려져 있다.

차 례

문경새재의 유래

문경새재 소나무 ⓒ 서헌강

문경새재를 한자로 표기하면 '鳥嶺(조령)'이다. 조령은 '새들도 날아 넘기 힘든 고개'라는 뜻에서 붙여졌다고 한다. 이 고갯길의 정상, 지금의 3관문이 있는 곳은 해발 650m로서 우리나라의 지형상 흔하지 않은, 물리적으로도 높은 고개이다. 그래서 붙여진 이름이 새들도 쉬어 넘는 고개, '조령'이다.

'새재'는 순우리말이다. '새'라는 말은 그 뜻이 서너 가지나 된다. 첫째, 깃털이 달린 짐승으로, 날아다니는 '새'를 의미한다. 둘째, 볏과의 식물을 이르는 말로 띠나 억새 따위의 '새'를 말하기도 한다. 셋째, 이미 있던 것이 아니라 처음 마련하거나 다시 생겨났다는 뜻의 '새'라는 의미가 있다. 넷째, '사이'의 준말 '새'가 있다.

반면 '재'는 사전적 의미로 '길이 나 있어서 넘어 다닐 수 있는 높은 산의 고개'를 말하는 것으로, 고개를 뜻하는 한자어 '영(嶺)'이나 '현(峴)'의 뜻과 같다.

문경새재의 유래에 대한 서너 가지의 의미를 하나씩 풀어 보자. 첫 번째, 깃털이 달린 날아다니는 새와 문경새재는 어떤 연관이 있을까? 문경새재를 한자로 표기하면 '鳥嶺(조령)'이다. 조령은 새들도 날아 넘기 힘든 고개라는 뜻에서 붙여졌다고 한다. 이 고갯길의 정상, 지금의 3관문이 있는 곳은 해발 650m로서 우리나라의 지형상 흔하지 않은, 물리적으로도 높은 고개이다. 그래서 붙여진 이름이 '새들도 쉬어 넘는 고개', '조령'이다. 지리지를 중심으로 한 각종 문헌에서 조령이 처음 나타나는 것은 『신증동국여지승람(新增東國輿地勝覽)』이다. 『신증동국여지승람』은 1481년에 완성된 『동국여지승람』을 보완하여 1531년에 완성한 지리지이다. 이 책의 「문경현 산천조」에 다음 기록이 있다.

조령, 현의 서쪽 27리 연풍현의 경계에 있는데 속칭 초점이라고 부른다(鳥嶺 在縣西二十七里 延豊縣界 俗號草岾).

문경새재의 봄, 진달래꽃 사이로 보이는 조곡관(제2관문)

이후에 발간된 『팔도지리지(八道地理誌, 1650년대)』, 『동국여지지(東國輿地志, 1660
년대)』, 『여지도서(輿地圖書, 1757년)』, 『문경현지(聞慶縣誌)』를 비롯한 『조선왕조실록』
등 각종 문헌에는 '조령진(鳥嶺鎭)', '조령산성(鳥嶺山城)' 등과 같이 '조령'이 매우
일반화되어 사용되고 있다.

두 번째로 『신증동국여지승람』의 기록에도 나타나 있는 '초점(草岵)'이라는 문경 새재의 또 다른 지명을 통해 문경새재의 유래 그 두 번째 사연을 풀어보자. '초점' 이라는 말은 첫 번째 살펴보았던 조령보다도 문헌상에 먼저 등장한다. 1414년(태종 14년)에 편찬하여 여러 번의 개찬 · 개수 과정을 거쳐 1451년(문종 1년)본이 남아 있는 『고려사(高麗史)』지리지 「문경군조」를 보면 다음 기록이 있다.

험조처가 세 곳 있는데 초점(현의 서쪽), 이화현(현의 서쪽), 곶갑천(현의 남쪽)이 그 것이다(險阻處 三 草岵(在縣西) 伊火峴(在縣西) 串岬遷(在縣南)).

뒤이어 1425년(세종 7년)에 편찬된 『경상도지리지(慶尙道地理志)』의 경상도 사방 경계와 험조처, 1454년(단종 2년)에 완성된 『세종실록지리지(世宗實錄地理志)』의 경 상도 대천(大川), 문경현 험조처에도 '초점'이 나타난다. 조선 시대 때 이 곳은 행정 구역상 문경현 초곡(草谷)이었다. 지금도 상초리(웃푸실), 하초리(아랫 푸실)라 하여

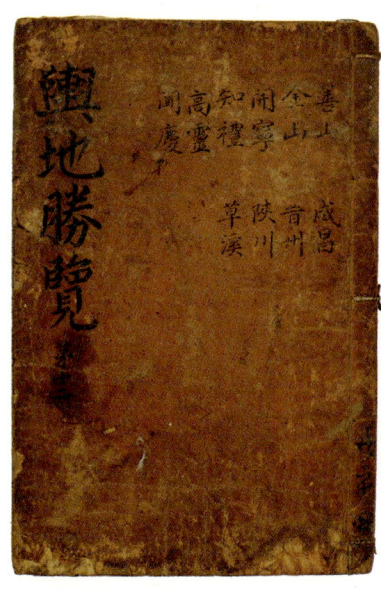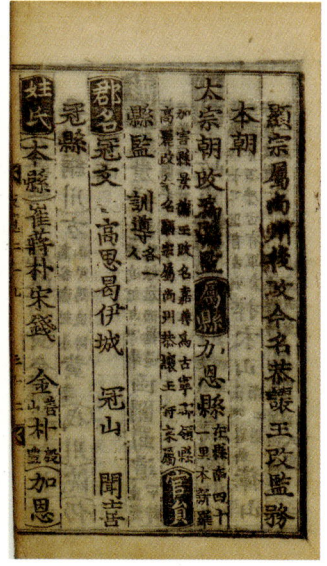

『신증동국여지승람』의 문경현 부분. 험초처가 기록되어 있다. ⓒ 옛길박물관

그 지명이 그대로 남아 있다.

지명 유래와 관련된 전설을 듣다 보면 마을이 처음 개척될 때는 '다래 덩굴을 헤치고 이 마을을 열었다'고 이야기하며, 길이 새로 뚫릴 때는 반드시 '억새풀을 헤치고 이 길을 열었다'는 이야기를 자주 듣는다. 문경새재가 조선 시대 초기에 와서 비로소 개척되고 큰 길로서의 역할을 감당했음을 상기해 볼 때, 볏과의 식물 따나 억새의 '새'또한 문경새재의 지명에 한몫을 차지하고 있음을 알 수 있다. 그러므로 첫 번째의 '조령'도 새재고, 두 번째의 '초점'도 새재가 된다. 기록으로 살펴봤을 때 1400년대까지는 '초점'이라는 지명이 널리 사용되었고, 1500년대에 들어서면서 '조령'이라는 말이 등장했다고 할 수 있다. 고개를 뜻하는 한자어 '점(岾)'은 중국에는 없는 우리 고유의 한자어로, '점'으로도 읽히지만 '재'로도 읽는다. 재로 읽는다면 '새재'의 뜻과 일치하는 것이 된다.

다음은 문경새재의 유래에 대한 그 세 번째 이야기다. 이미 있던 것이 아니라 처음 마련하거나 다시 생겨났다는 뜻의 '새'에 주목하고자 한다. 이 의미로 문경새재를 풀이하면 '새로 생긴 고개'가 된다. 그렇다면 '헌(?) 고개'혹은 '옛 고개'가 있어야 이야기가 될 듯싶다. 그런 고개가 있다. 바로 '하늘재'다. 『삼국사기(三國史記)』 신라 본기 「아달라이사금 3년조(156)」에는 다음 기록이 있다.

[아달라이사금] 삼년 여름 사월에 서리가 내리고 계립령로를 열었다.
([阿達羅尼師今] 三年 夏四月降霜開鷄立嶺路).

여기에서 '계립령로'가 바로 하늘재이다. 백두대간에 둘러싸인 신라가 북방으로 향하는 숨통이었던 셈이다. 죽령은 하늘재보다 2년 후에 개통된 고개다. 그래서 하늘재는 이 나라 고갯길의 조종(祖宗)으로 표현되기도 한다.

하늘재는 문경새재와 직선 거리로 약 5Km 정도 떨어져 있다. 지금의 문경시 관

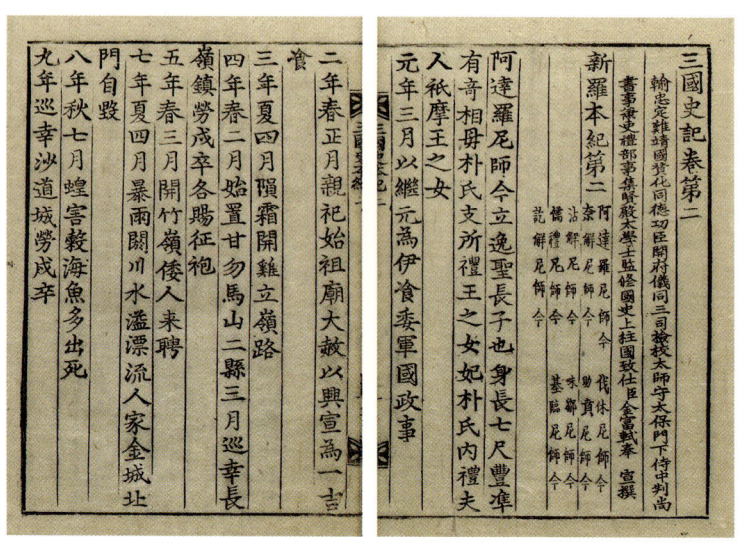

『삼국사기』 아달라이사금 3년(서기 156), 우리나라 최고의 고개 '계립령'이 열렸다. ⓒ 규장각

음리와 충주시 미륵리 사이의 고개다. 이 길이 조선 시대 초기 문경새재가 개통되기 이전까지 영남과 기호를 잇는 주요 교통로였다. 그러니까 신라 초부터 고려 말까지 적어도 1200년이라는 장구한 세월을 견뎌 온 고개인 것이다. 문경새재가 개통되면서 하늘재는 그 길을 지났던 수많은 사람들의 발자국만큼의 역사를 고스란히 묻어 둔 채 역사의 뒤안길로 물러났다. 옛 고개 하늘재는 그렇게 가고 새 고개 문경새재가 역사의 전면에 등장한 것이다.

마지막으로 문경새재의 유래 네 번째, 사이의 준말 '새'를 통해 문경새재를 보자. 여기서 '새'는 새참, 샛길 등이 뜻하는 것과 같다. 문경새재 이 고갯길을 중심에 놓고 보면 그 양쪽으로 이우릿재(이화령)와 하늘재가 있다. 두 고개 모두 문경새재 정상에서 봤을 때, 얼마 떨어지지 않은 곳에 위치하고 있다. 말하자면 이 두 고갯길의 '사이 고개'가 '새재'이다. 조선 시대 문경새재는 대로(大路)였고, 이화령은 소로(小路)였으며, 하늘재는 이미 폐쇄된 길이었다. 대로는 행세깨나 하는 양반이나 벼슬아치가 다녀 민중들의 왕래가 자유롭지 못했다. 보부상과 같은 장사꾼들은 문경

주흘관에서 본 남쪽(1900년대 초) ⓒ 문경시

새재의 편안한 길을 버리고 소로나 폐쇄된 길을 다녀야 했다.

　문경새재, 이 고갯길의 유래를 어원을 통해 주로 살펴보았다. 혹자는 중국 『화양지(華陽誌)』에 나오는 '조도사백리(鳥道四百里)'나, 이백(李白)의 시에 나오는 '서첨태백유조도(西瞻太白有鳥道)'라는 말을 그 유래로 삼기도 한다. 하지만, 우리말 '문경새재'가 지닌 여러 가지 의미를 포괄하지는 못한다. 문경새재는 '문경새재'라고 그대로 부를 때 이 곳의 역사적 · 문화적 의미까지도 확장할 수 있다.

문경새재의 자연

　문경새재는 골짜기성 형태의 바람인 산곡풍이 강하게 불고 주흘산을 중심으로 운무대가 자주 형성된다. 남쪽의 평야 지대에서 불어온 바람이 산을 타면서 기온이 하강하여 비 또는 눈이 내린다.

　문경새재 일원은 우리나라 중앙부에 위치하며, 경상북도의 북북서에 위치하고

문경새재에서 발견된 조령으아리 ⓒ 남명자

현호색 ⓒ 김정섭

문경새재에서 발견된 새로운 종인 침기계충버섯 ⓒ 임영운

문경새재의 봄, 연초록이 백두대간 능선을 오르고 있다.

있다. 해발 400m 이상(55.5%) 지역에 삼림이 넓게 분포하며, 그 아래 지역은 경작지 또는 주거생활 공간으로 이용된다. 해발 300~400m의 범위 내에 문경새재 일원의 20%가 자리잡고 있어 문경새재 지역은 우리나라의 전형적인 산악 지역이라고 말할 수 있다.

주흘산을 중심으로 하는 주요 물줄기로 문경새재를 통과하는 초곡천과 문경읍 동쪽으로 흐르는 신북천이 있다. 동화원 동쪽 계곡, 제2관문 동쪽 계곡, 제1관문 서 동쪽 계곡은 문경새재 내에 있는 주요 계곡이며 낙동강의 발원지이기도 하다. 초곡천 주변에는 수달, 오소리, 올빼미, 수리부엉이 등이 서식하고 있다.

문경새재에는 솔나리, 뻐꾹나리, 개비자나무, 홀아비바람꽃, 할미밀망 등 한국 특산종이 분포하고 있다. '조령으아리'는 문경새재에서 처음 발견되어 '조령'이라는 이름이 붙었고, '침다리애송장벌레'와 '침기계충버섯' 등은 문경새재에서 신종으로 발굴되어 국내외 저명 학술지에 발표되기도 하였다.

조선의 대동맥, 영남대로

영남대로 옆 고목이 문경새재의 역사를 말해 준다. ⓒ 서헌강

영남대로가 통과한 지역은 조선 시대에 가장 인구가 조밀하고 산물이 풍부하여
경제적으로 중시되던 곳이었다. 당시 전국 10대 도시의 절반 이상이 영남대로변
에 분포했으며, 우수한 인재를 배출한 고장이 많았기에 조정에서는 행정적으로
큰 비중을 두었다.

영남대로는 한양에서 동래에 이르는 조선 시대의 큰 길을 말한다. 영남대로는 처음부터 붙여진 용어가 아니었다. 당시 문헌에는 '경상충청대로(慶尙忠淸大路)', '경상대로(慶尙大路)', '동남저부산제4로(東南低釜山第四路)', '동남지동래4대로(東南至東萊四大路)' 등으로 나타난다.

'영남대로'란 용어는 최영준 교수로부터 본격적으로 사용되었다. 최 교수에 의하면, 조선은 초기에 개성에서 한양으로 수도를 옮기면서 한양을 중심으로 한 X자형 간선도로망을 구축하였다고 한다. 동래를 종착지로 정하고 한양과 동래를 연결하는 간선도로의 노선을 확정했는데, 이것이 영남대로라는 것이다.

영남대로가 통과한 지역은 조선 시대에 가장 인구가 조밀하고 산물이 풍부하여 경제적으로 중시되던 곳이었다. 당시 전국 10대 도시의 절반 이상이 영남대로변에 분포했으며, 우수한 인재를 배출한 고장이 많았기에 조정에서는 행정적으로 큰 비중을 두었다.

조선 시대의 주요 도로는 한양을 중심으로 종착지를 연결하는 방향에 따라 그 이름이 정해졌다. 영남대로는 조선 시대 간선도로 중에 가장 대표되는 도로였다. 연장은 총 950여 리, 380km에 달했다. 이정(里程)의 기점은 65개, 통과하는 읍의 수는 68개였다. 여기에 주요 지선 27개가 이어져 있다.

경도(숭례문)→한강진(한강)→신원(서초)→월천현(성남)→판교점(성남)→검천(성남)→ 용인(용인)→어정개(용인)→직곡(용인)→금령역(용인)→양지(용인)→좌찬역(용인)→백암리(용인)→진촌(용인)→비립거리(안성)→광암(안성)→용산등(이천)→석원(이천)→곤지애(음성)→천곡(음성)→모로원(충주)→숭선참(충주)→용안역(충주)→검단점(충주)→달천진(충주)→단월역(충주)→수회리(충주)→안부역(충주)→고사리(괴산)→동화원(문경)→초곡(문경)→문경(문경)→미포원(문경)→신원(문경) 굴우(문경) 유곡역(문경)→덕통역(상주)→낙원역(상주)→성곡(상주)→불현(상주)→낙동역(의성)→홍덕(구미)→석현(구미)→영향역(구미)→해평(구미)→괴곡(구미)→장천(구미)→동명원현(칠곡)→우암창(칠곡)→칠곡(칠곡)→금호강(대구)→대구(대구)→오동원(달성)→팔조령(청도)→유천역(청도)→밀양(밀양)→이창(밀양)→무흘역(밀양)→작천(밀양)→내포역(양산)→황산역(양산)→사배야현(양산)→소산역(부산)→동래(부산)

※ ( )안은 현재 행정 구역임.

조선의 옛길

조선 팔도 고갯길의 대명사, 문경새재 옛길 ⓒ 서헌강

옛길은 본래 통치의 목적으로 닦았지만, 상업이 발달하면서 중부·남부 지방의
도로들은 점차 민간 교역로의 기능을 맡게 되었고, 북부 지방의 도로는 변방의
경비나 사신 왕래 등을 위한 군사적·외교적 기능을 담당하게 되었다.

　우리나라 도로는 고려 시대부터 전국적으로 역도가 조성되어, 조선 시대에 더욱 발전되었다. 조선 시대에 이르면 영남대로 · 의주대로 · 삼남대로 · 관동대로 등의 간선도로가 서울을 중심으로 해서 전국을 사방으로 연결하고 있다.

　옛길은 본래 통치의 목적으로 닦았지만, 상업이 발달하면서 중부 · 남부 지방의 도로들은 점차 민간 교역로의 기능을 맡게 되었고, 북부 지방의 도로는 변방의 경비나 사신 왕래 등을 위한 군사적 · 외교적 기능을 담당하게 되었다.

　인구와 산업이 주로 한반도의 중부 이남에 치우쳐 있었기 때문에 중부 · 남부의 도로망이 보다 조밀하게 짜여 있었다. 조선 시대에는 도로를 중요도에 따라 대로 · 중로 · 소로로 나누고, 각각의 도로 폭은 대로 12보, 중로 9보, 소로 6보로 정했다. 그러나 지방마다 지형 여건에 따라 다소 다를 수도 있었다.

　도로 표지로는 일정한 거리마다 돌무지를 쌓고 장승을 세워 사방으로 통하는 길의 거리와 지명을 기록했고, 주요 도로에는 얇은 돌판을 깔거나 작은 돌 · 모래 · 황

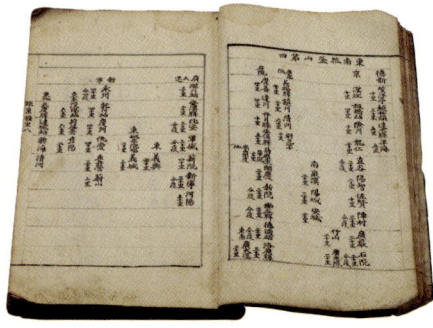

도리표(1912년) ⓒ 옛길박물관　　　　영남대로 노선이 기록되어 있는 『조선 도로 거리표』 ⓒ 옛길박물관

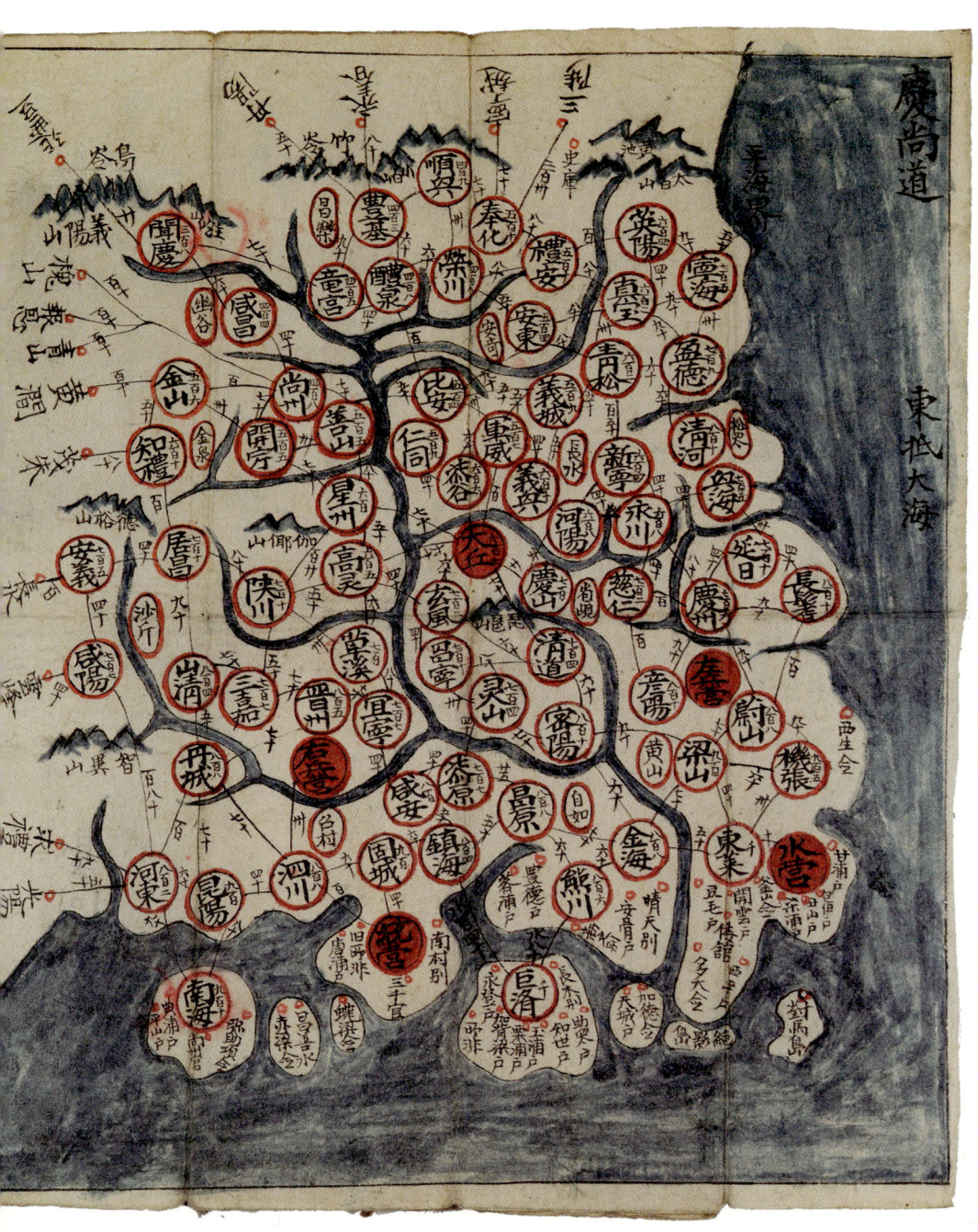

각 고을의 명칭 옆에 한양과의 거리가 적혀 있는 '팔도 지도' ⓒ 옛길박물관

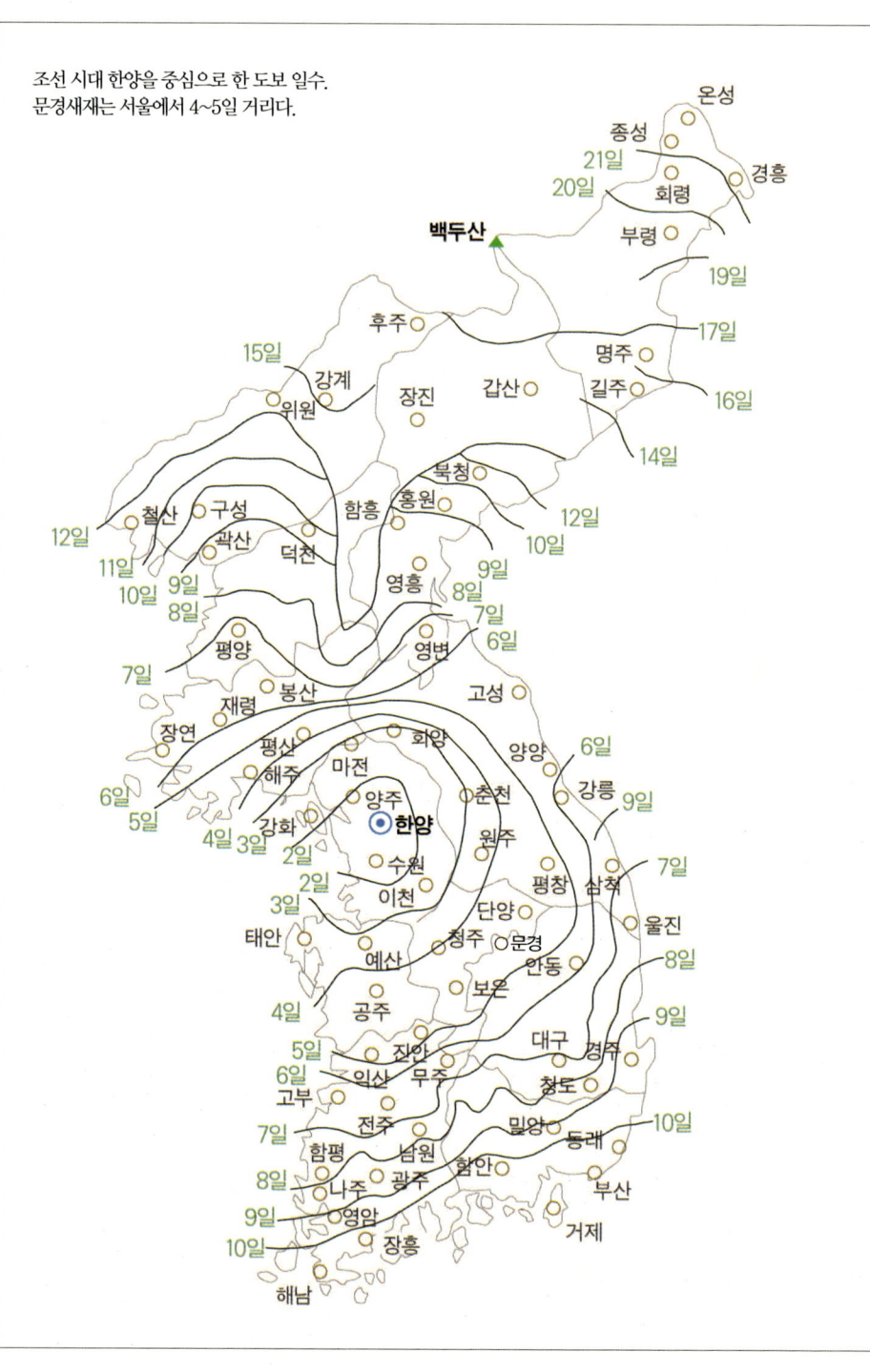

조선 시대 한양을 중심으로 한 도보 일수.
문경새재는 서울에서 4~5일 거리다.

토 등으로 포장을 했다.

　　대략 30리마다 관리들을 위해 관·역·원 등의 숙박 시설을 설치했고, 여행자와 상인들은 점·주막·객주 등을 이용했다. '원' 또는 '점'과 같은 지명은 도로에 인접한 마을이었음을 나타내는 것이다. 1894년, 갑오개혁으로 조선 시대의 교통통신 제도가 폐지된 데 이어 철도를 비롯한 새로운 교통수단들이 등장함에 따라 옛길과 주변의 마을들은 역사의 뒤안길로 물러나고 말았다.

『증보문헌비고』를 중심으로 살펴본 조선의 도로망

① 제1로 : 서울에서 의주를 연결하는 도로이다. 흔히 '연행로(燕行路)' 또는 '사행로(使行路)'로 불리는데, 전국의 간선도로 가운데 가장 큰 비중을 차지하는 도로이다. 명나라와 청나라 사절의 왕환로(往還路)일 뿐 아니라, 우리 나라 사절의 내왕로였기 때문

조선 시대의 간선대로. 문헌에 따라 6·9·10 대로로 구분되었다.

에 내왕의 편의는 물론, 도로의 수치(修治)도 매우 정비되었을 것으로 보인다. 특히, 사절들의 숙식 및 연향(宴享)을 위하여 서울로부터 의주까지 관사가 설치되어 있었다. 주요 노정은 **서울-고양-파주-장단-개성-금천-평산-서흥-봉산-황주-중화-평양-순안-숙천-안주-가산-정주-곽산-선천-철산-용천-의주**이다. 물론, 이 간선에서 많은 가닥의 지선이 연결된다.

② 제2로 : 서울에서 함경북도 서수라(西水羅)를 연결하는 도로로서, 주요 노정은 **서울-다락원(樓院)-만세교(萬歲橋)-김화-금성-회양-철령-안변-원산-문천-고원-영흥-정평-함흥-함관령(咸關嶺)-홍원-북청-이성(利城)-마운령-마천령-길주-명천-경성-부령-무산-회령-종성-온성-경원-경흥-서수라**이다. 이 도로를 가리켜 '관북로(關北路)'라고도 부르며, 두만강 하류까지는 일방통행로로 이루어져 있다.

③ 제3로 : 서울에서 동해안의 평해를 잇는 도로로서 흔히 '관동로(關東路)'라고 불린다. 주요 노정은 **서울-망우리-평구역-양근-지평-원주-안흥역(安興驛)-방림역(芳林驛)-진부역-횡계역-대관령-강릉-삼척-울진(蔚珍)-평해**이다.

④ 제4로 : 서울에서 부산을 잇는 간선도로로서 흔히 '좌로(左路)·중로(中路)'로 불리기도 한다. 특히, 좌로는 일본 사신이 서울로 들어오는 길을 겸하고 있고, 내륙 수로로서는 낙동강과 한강을 이용함으로써 수륙 연결이 편리한 간선이기도 하다. 주요 노정은 **서울-한강-판교-용인-양지-광암-달내(達川)-충주-조령-문경-유곡역(幽谷驛)-낙원역(洛原驛)-낙동진(洛東津)-대구-청도-밀양-황산역(黃山驛)-양산-동래-부산**이다.

⑤ 제5로 : 서울에서 통영을 잇는 간선도로인데, 서울로부터 문경의 유곡역까지는 노정이 같다. 따라서 이 도로는 '중로'라고 할 수 있다. 주요 노정은 **서울-제4로-유곡역-함창-상주-성주-현풍-상포진(上浦津)-칠원-함안-진해-고성-통영**이다.

⑥ 제6로 : 역시 서울에서 통영을 연결하는 간선이다. 주요 노정은 **서울—동작나루—과천—유천(柳川)—청호역(菁好驛 : 수원)――진위—성환역(成歡驛)—천안—차령—공주—노성—은진—여산—삼례—전주—오수역(獒樹驛)—남원—운봉—함양—진주—사천—고성—통영**이다.

⑦ 제7로 : 서울에서 제주를 잇는 간선도로인데 삼례역까지는 제6로와 같다. 따라서 우로(右路)에 해당된다. 주요 노정은 **서울—제6로—삼례역—금구—태인—정읍—장성—나주—영암—해남—관두량(館頭梁)…(水路)…제주**이다.

⑧ 제8로 : 서울에서 충청 수영(忠淸水營)까지의 간선도로이다. 우로를 따라 진위—소사에 와서 평택으로 이어진다. 그러므로 소사까지는 제6로와 같다. 주요 노정은 **서울—제6로—소사—평택—요로원(要路院)—곡교천(曲橋川)—신창—신례원(新禮院)—충청 수영**이다.

⑨ 제9로 : 서울에서 강화를 연결하는 간선도로로서, 주요 노정은 **서울—양화도—양천—김포—통진—강화**이다.

문헌에 따른 조선 시대 간선도로의 구분

노선 번호	증보문헌비고	도로고	대동지지	비고
제1로	서울~의주	①서울~창성	①서울~의주	
제2로	서울~서수라	②서울~삼수	②서울~경흥	
제3로	서울~평해	③서울~정선	③서울~평해	
제4로	서울~부산	④서울~기장	④서울~동래	
제5로	서울~통영		⑩서울~통영	경상도 통과
제6로	서울~통영		⑧서울~남해	전라도 통과
제7로	서울~제주	⑤서울~남해~제주	⑦서울~수원	
제8로	서울~충청수영		⑨서울~충청수영	
제9로	서울~강화	⑥서울~교동	⑥서울~강화	
제10로			⑤서울~봉화	

＊자료 : 조병로, 「도로」, 『한국민족문화대백과사전』, 한국정신문화연구원, 1991

주막, 고단한 여정의 종착역

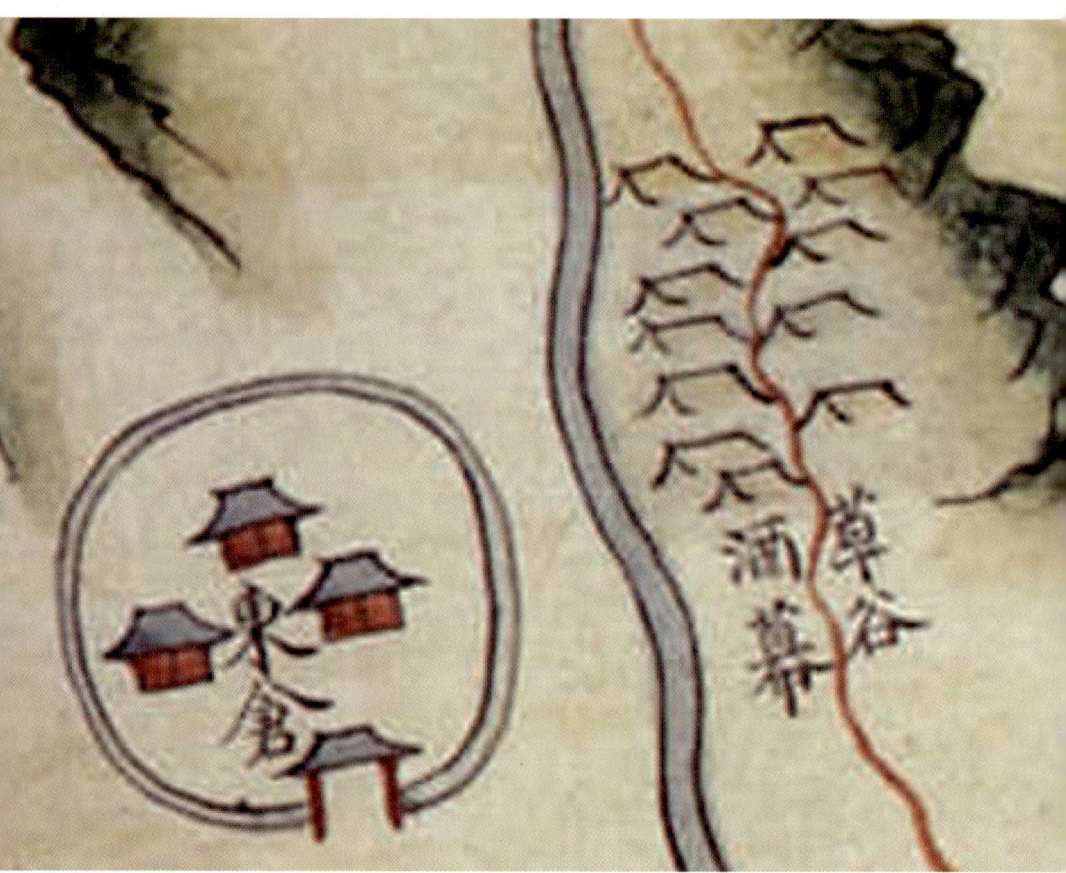

『해동지도』의 초곡 주막 부분

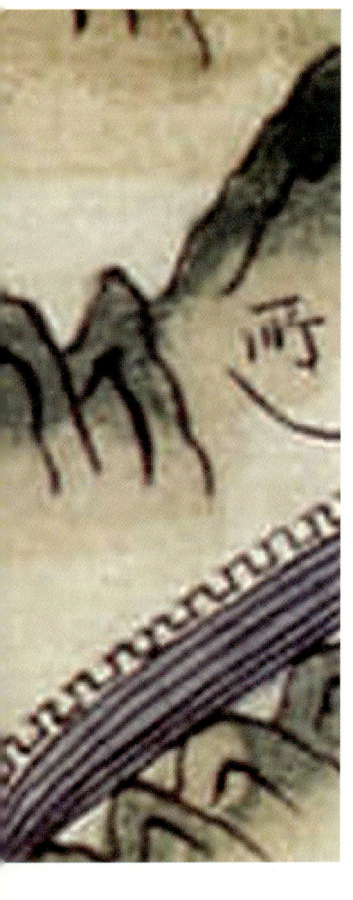

주막은 단순히 술만 파는 곳이 아니었다. 밥도 먹고 잠도 자는 곳이었다. 장사치들이 자주 오가므로 중간 도매상이 되기도 하고 조선 팔도 각처의 소식들이 이 주막에서 다른 주막으로, 또 주변의 마을로 퍼져 나갔다. 요즘 말로 풀어보면 정보의 장이었다.

　지금 우리들은 먼 길 여행을 서슴지 않는다. 자동차가 있고 호텔이며 여관, 식당 등이 흔하기 때문이다. 그런데 조선 시대, 문경에서 한양까지는 적어도 닷새 이상 걸리고, 저 멀리 부산에서 문경새재를 지나 한양까지 간다면 보름 정도는 걸렸다. 발품을 팔아 걷는 것은 어쩔 수 없다고 하더라도 어디에서 무엇을 먹고 잤을까?

　　한양이라 오백 리 길
　　찾아가는 황소 떼
　　두루마기자락 허리에 찌른
　　터벅대는 소몰이꾼
　　저것이 문경새재
　　서러운 서른 굽이

　　박달나무 젖은 이슬
　　키장수 체장수 눈물일까
　　봄바람 타고 올라왔다
　　찬바람에 묻어 돌아가는
　　안동 영해 청상과수 한맺힌 눈물일까.
　　　　　　　　　　　　　-신경림, 〈새재〉 부분

문경새재에 복원된 주막 ⓒ 김규천

　신경림 시인의 장시(長詩) 〈새재〉의 일부분이다. 행세깨나 하는 양반이라면 말이나 가마를 타고, 여비 또한 넉넉했을 것이다. 하지만 이 장 저 장, 이 골짜기 저 골짜기 찾아다니는 보부상이나 장돌뱅이들은 고단한 하루를 어디에서 몸을 뉘고, 새벽같이 일어나 국밥 한 그릇 훌훌 털어 넣고 또 어디로 발길을 옮겼을까?

　'주막(酒幕)'이 있었다. 드라마 속에서 자주 보아왔던 터라 그렇게 낯설지는 않다. 거기에는 으레 눈웃음을 치거나 쌀쌀맞은 주모가 등장하고, 무능력하거나 모사꾼 같은 남정네가 등장한다. 김홍도나 신윤복이 그린 조선 시대 풍속화에도 주막은 좋은 소재거리가 되었다. 문짝이나 등불에 '술 주(酒)'자 한 글자를 써 놓거나, '용수'라고 하는 술을 거르는 도구를 장대에 매달아 놓으면 주막의 표시가 되었다.

　예나 지금이나 술집에는 외상 손님이 있었다. 이 외상 손님의 외상장부는 기둥이나 벽 판자에 손님의 인상착의를 주모만 알게 표시해 놓고 칼로 그어서 표시를 해 두었다. 지금도 외상을 하고 주인에게 그어놓으라는 말을 하는데, 여기서 유래된 것이라고 한다.

　술은 막걸리가 주종을 이루었고, 속이 화확 달아오르는 도수 높은 소주도 팔았다

주막에는 이렇게 '용수'가 걸려 있기도 했다. 사진은 화성 팔달문 앞. ⓒ 수원박물관

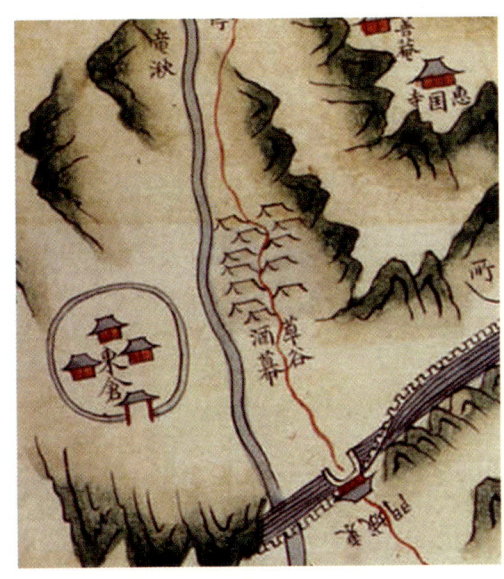

『해동지도』 '조령성'에 표시된 '초곡 주막'. 문경새재는 주막촌이었다. ⓒ 규장각

고 한다. 옛날의 주막은 단순히 술만 파는 곳이 아니었다. 밥도 먹고 잠도 자는 곳이었다. 장사치들이 자주 오가므로 중간 도매상이 되기도 하고 조선 팔도 각처의 소식들이 이 주막에서 다른 주막으로, 또 주변의 마을로 퍼져 나갔다. 요즘 말로 풀어 보면 정보의 장이었다.

조선 팔도 고갯길의 대명사인 문경새재에도 당연히 주막이 있었다. 지금은 복원해 놓은 주막이지만, 조선 후기 『해동지도』 '조령성'을 살펴보면, 지금의 1관문 안쪽에 '초곡 주막(草谷酒幕)'이라는 글자가 선명하게 보인다. 글자 그대로 마을 전체가 주막거리를 형성하고 있었다.

문경 안에서도 영남대로상의 주요 지점이라고 할 수 있는 '토끼비리' 돌고개 마을에도 주막터가 있어서 최근 복원해 놓았다. 또 조선 시대 주변 18개 역을 관장하던 유곡역이 있던 유곡동에는 지금도 주막거리라고 부르는 지명과 마을이 남아 있다. 주막은 큰길이나 고갯길은 물론 장터나 큰 마을에 어김없이 자리 잡아 민중들의 삶과 함께 하는 공간이었다.

주모의 꿈, 다섯 용의 승천

과거에 급제한 사람에게 임금이 하사하던 종이꽃 '어사화' ⓒ 옛길박물관

꿈에, 하늘에서 여섯 용이 내려와 다섯 용이 술 한 동이를 둘러앉아 먹고 승천하
였는데, 한 용은 먹지 않고 점잖게 앉았다가 승천하지 못했다.

　많은 사람들이 모여들고 흩어지는 주막에는 모여들고 흩어지는 사람만큼이나 이야기도 풍성하다. 문경새재 주막에서의 재미있는 이야기 한 편을 소개한다. 안동 출신의 선비들과 문경새재 주막의 주모 이야기다.

　영조 때의 일이다. 과거시험에 응시한 안동의 선비 여섯 사람이 문경새재 주막에 들어왔다. 그들은 모두 퇴계 선생의 학통을 이은 선비들이었다. 초여름날, 고갯길을 걸어와 목이 마른 선비들은 주모를 찾았지만 대답이 없었다. 주막 마루에는 손님을 기다리기라도 한 듯이 정갈한 술상이 차려져 있었다. 다른 손님도 없는데, 차려진 술상을 본 선비들은 갈증이 더 심해지는 듯했다. 그러나 불러도 주모가 없으니 난감한 일이었다.

　선비들은 주모가 없는 주막에서 임의로 술을 마시고 돈을 둘 것인가, 아니면 주모를 기다려 술을 살 것인가를 두고 토론했다. 주막이 있는 것은 나그네의 갈증을 풀기 위함이며, 주인이 있든 없든 합당한 값을 내고 술을 먹는 것은 선비의 도리에 어긋나지 않는다는 주장과 주인이 없는데 물건을 취하는 것은 아무리 선의의 행동이라고 해도 엄정한 선비의 도리가 아니라는 주장이 맞섰다. 결국 일치된 결론은 나지 않았고 선비들은 각자의 판단에 따라 행동하기로 했다. 다섯 명은 술을 마시고 돈을 놓았고, 어느 한 선비는 술을 마시지 않았다.

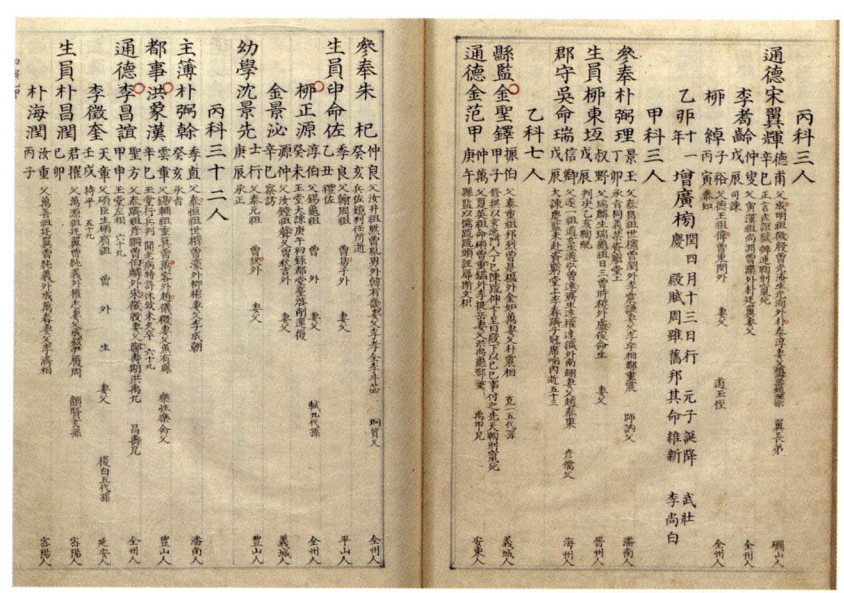

문과 급제자 명부 『국조문과방목』에 전설의 주인공 김성탁, 류정원 등의 이름이 보인다. ⓒ규장각

목을 축이는 자리가 정리되고 술값을 추렴하여 얹어 놓고 일어서는 중이었다. 그때, 다락에서 인기척이 들리더니 주모가 나왔다. 주모는 대뜸 '술을 먹은 다섯 분은 과거를 보러 가고 한 분은 그냥 고향으로 돌아가는 것이 좋겠다.' 고 하였다. 이야기인즉, 어젯밤 자기 꿈에 하늘에서 여섯 용이 내려와 다섯 용이 술 한 동이를 둘러앉아 먹고 승천하였는데, 한 용은 먹지 않고 점잖게 앉았다가 승천하지 못했다는 것이다. 손님도 없다가 마침 여섯 선비가 들어오는 걸 보고 술상을 장만해 놓고 숨어서 지켜보고 있었다고 했다.

청운의 꿈을 안고 가는 선비들에게 길흉을 함부로 이야기하는 것이 기분 나빴지만, 괘념치 않고 길을 나서 선비들은 과거에 응시했고, 그 중 다섯 사람이 한꺼번에 급제하였다고 한다.

제산 김성탁(金聖鐸), 대산 이상정(李象靖), 양파 류관현(柳觀鉉), 삼산 류정원(柳正源), 학음 김경필(金景泌)이 이 이야기의 주인공이라고 한다. 전국에서 서른세 명을

김홍도의 〈평생도〉 중 네 번째 장면인 '삼일유가' ⓒ 국립중앙박물관

뽑는 과거에서 한 고장의 사람 다섯 명이 급제하는 것은 흔치 않은 일이었다. 영조 임금도 이를 크게 칭송했고, 사람들은 이 일을 "안동에서 비바람이 불더니 다섯 용이 승천하네(花山風雨五龍飛)."라는 말로 오늘날에도 회자되고 있다.

『국조방목』을 살펴보면, 이들은 실제 영조 11년(1735) 증광시에 응시하였는데, 김성탁은 을과(乙科) 1위, 류정원은 을과 5위, 김경필은 을과 6위, 류관현은 병과(丙科) 8위, 이상정은 병과 28위로 기록되어 있다. 이들은 모두 뛰어난 조선 후기의 학자들이다. 그렇다면 떨어진 한 사람은 과연 누구일까? 대산 이상정의 동생 소산 이광정(李光靖)이다. 과거에 급제하지는 못했지만 형의 지도를 받아 이황의 학풍을 계승하였다. 그는 『초계문신강의(抄啓文臣講義)』를 검토·교정하는 데 참여하였고, 학행으로 천거된 후 정조의 인정을 받아 특별히 6품직에 임명하라는 명령이 내려지기도 하였다. 교관(教官)을 거쳐 관직이 별제(別提)에 이르렀으며, 참판으로 추증된 인물이다. 저서에 『소산문집』이 있을 정도로 훗날 뛰어난 학자가 되었다.

과거 길에 짊어지고 가던
괴나리봇짐 ⓒ 옛길박물관

과거 길, 청운의 꿈을 꾸다

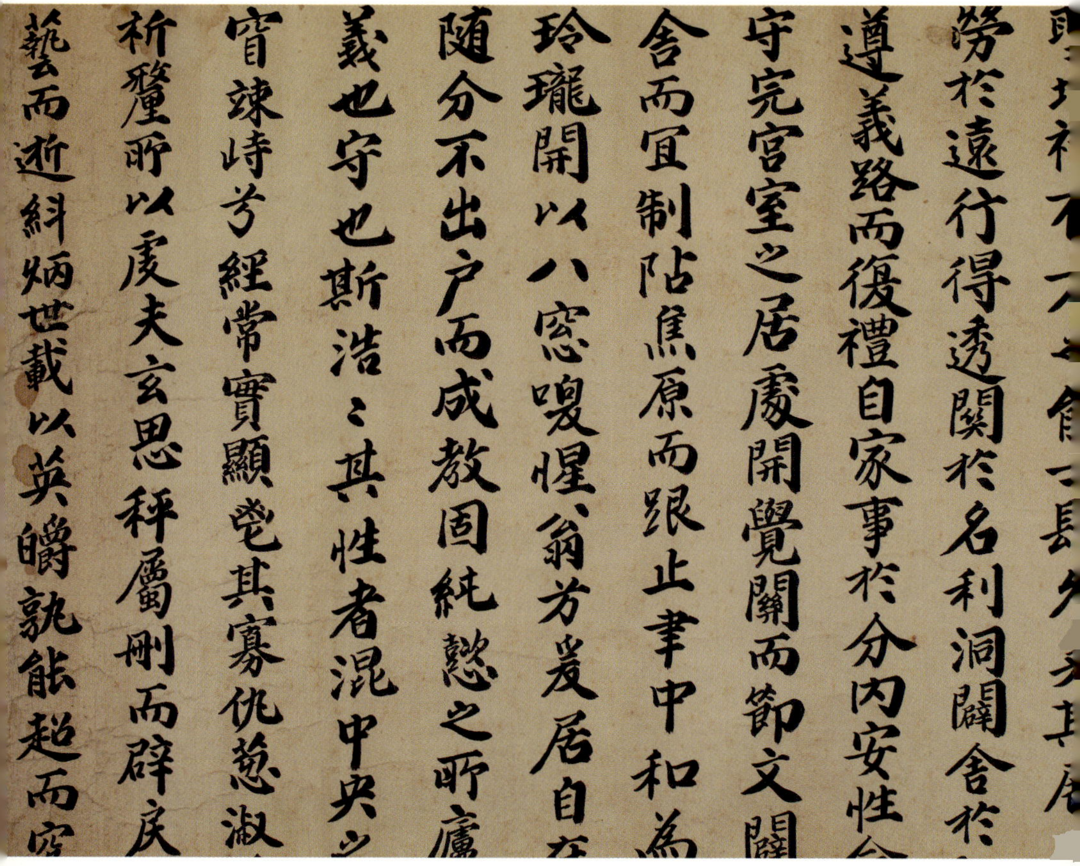

藝而逝斜炳世載以英曙就能超而窂
祈鼙所以庶夫玄思秤屬剛而辟庶
宵辣時芳經常實顯甮其寡優慈淑
義也守也斯浩〻其性者混中央〻
隨分不出户而成教固純懃之斫廬
玲瓏開以八窓嗅惺翁方羡居自在
舍而宜制阽原而跟止聿中和為
守完宮室之居慶開覺關而節文關
遵義路而復禮自家事於分内安性
勞於遠行得透關於名利洞闢舍於
聖

시권(과거시험지) ⓒ 옛길박물관

君子之性守宮庭 賦

欽克德於恭階笙義衆於節戶威儀

卓甬道義門而由之操有要方性善羙

宮與庭止擽賦命於存保喻藏身於

曰吾性有禮義盖宮庭之中慶修以

半卧陳厥種於神舍羗出入有禮防

仁之攸攸盧丌禮書而顧義廣馳務於

'문경새재' 하면 떠오르는 말이 있다. '청운의 꿈을 품고 가는 선비', '장원급제와 금의환향' 등이다. 그래서 문경새재를 '과거 길'로 부르기도 하고 '장원급제의 길'로 일컫기도 한다.

　'문경새재' 하면 떠오르는 말이 있다. '청운의 꿈을 품고 가는 선비', '장원급제
와 금의환향' 등이다. 그래서 문경새재를 '과거 길'로 부르기도 하고 '장원급제의
길'로 일컫기도 한다. 예나 지금이나 그것을 최상의 가치로 여기는 일은 어쩌면 당
연하다.

　열심히 공부하여 벼슬길에 나아가 고관대작이 되는 것은 자기 자신은 물론 가족
과 집안, 향촌사회에 큰 경사가 아닐 수 없다. 하지만 낙방의 쓴맛을 본 사람이 곱씹
을 삶의 회한은 어떠하였겠는가.

　어쨌든, 그 때 그 선비들의 '과거(科擧)' 보러 가는 풍경을 간단하게나마 살펴보
기로 한다. 먼저, 문경에서 한양까지 가는 데에는 며칠이나 걸릴까? 사람마다 차이
가 있고 과거 길의 여정은 다양하겠지만, 별 탈 없다면 4~5일이면 가능하다. 안동
은 7~8일, 대구는 9~10일, 부산은 15일 정도 걸린다.

　과거시험은 여러 가지가 있지만, 대개 3년마다 정기적으로 실시하는 '식년시'가
있고, 부정기적으로 실시하는 '별시'가 있다. 식년시는 고향에서 '초시(생원진사시)'
를 치고 '복시'를 치기 위해 한양으로 올라가며, 별시는 초시부터 한양에서 치게 된
다. 이러한 과정을 거쳐 대과(大科, 文科)를 치게 된다. 이 외에도 무과(武科), 잡과(譯
科, 醫科, 律科) 등이 있으나, 조선은 양반 관료체제를 중심으로 운영되는 문치주의의
나라였으므로 당연히 문과가 우선시되었다.

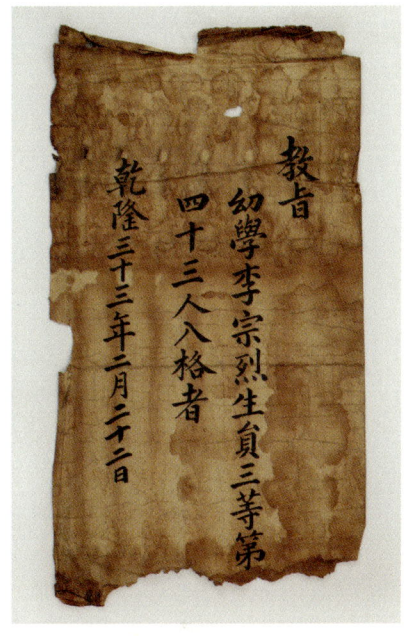
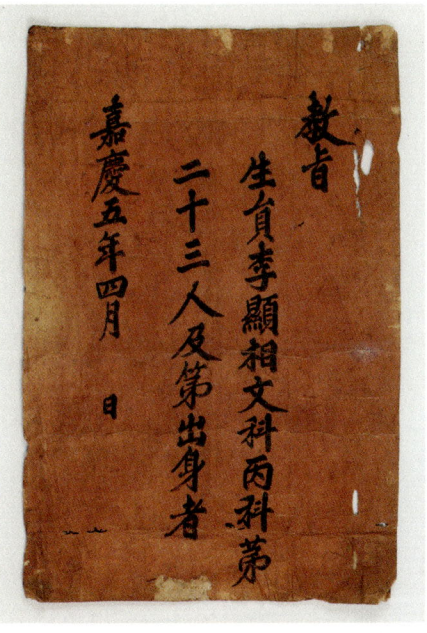

教旨 幼學李宗烈生員三等第 四十三人入格者 乾隆三十三年二月二十日

教旨 生員李顯相文科丙科第 二十三人及第出身者 嘉慶五年四月 日

생원·진사시 합격자에게 내리는 백패교지 ⓒ옛길박물관   문과 급제자에게 내리는 홍패교지 ⓒ옛길박물관

　문과시험에서는 선발의 기준을 성리학적 교양에 두었으며, 그 경쟁률 또한 우리
가 예상하는 것보다 훨씬 높았다. 오히려 오늘날의 각종 고시를 합한 것보다도 더
어려웠다. 그 경쟁률은 자그마치 '수천 명 대 일'이었다.

　영남 지역에 사는 사람들이나 이 곳을 다녀간 사람들은 이 지역 곳곳에 있는 동
성반촌(同姓班村)과 사우(祠宇), 서원(書院)을 보면서 영남 선비들의 합격률 또한 굉장
히 높았을 것으로 추측한다. 그러나 생각했던 것보다는 높지 않다. 『조선 시대 문과
급제자 연구』에 의하면, 문과 급제자의 거주지는 서울이 45.9%로 가장 많았다. 이
어 경상도 13.2%, 충청도 10.4%, 경기도 8.7%, 평안도 8.35%, 전라도 7.8%, 강원도
2.43%, 함경도 1.84%, 황해도 1.28%였다. 또, 현실 정치에 나아가서는 영남 남인(南
人)들이 더욱 고전하게 된다.

한글 편지로 보는 과거 길

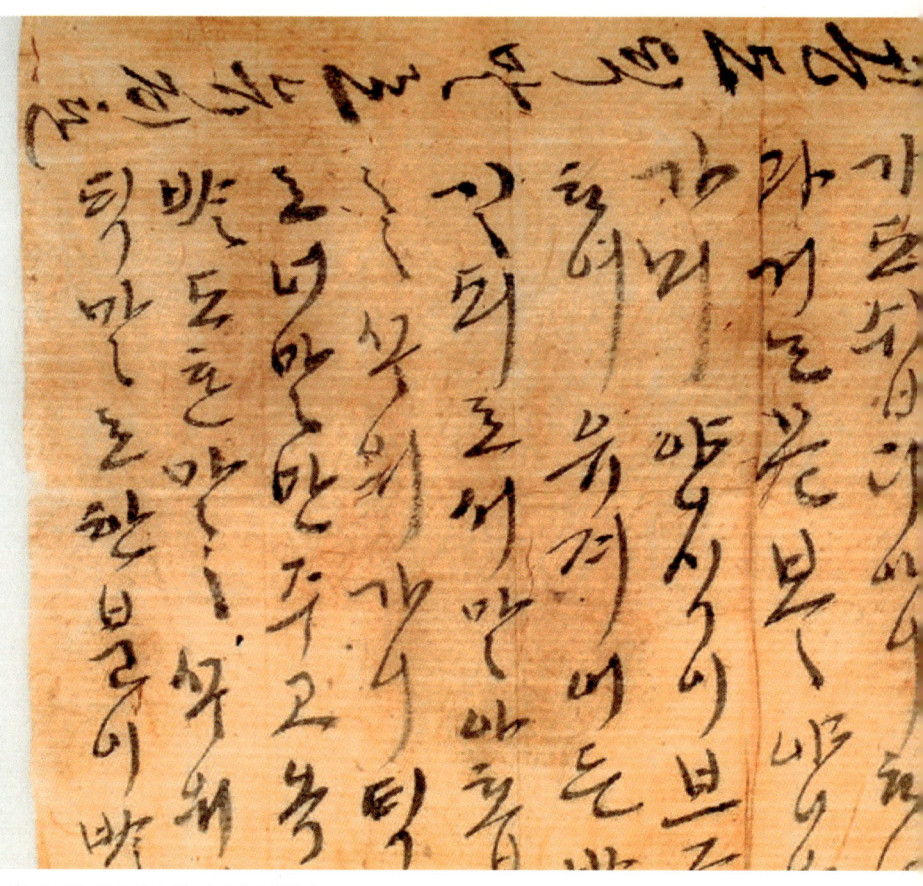

현풍 곽씨의 한글 편지 ⓒ 국립대구박물관

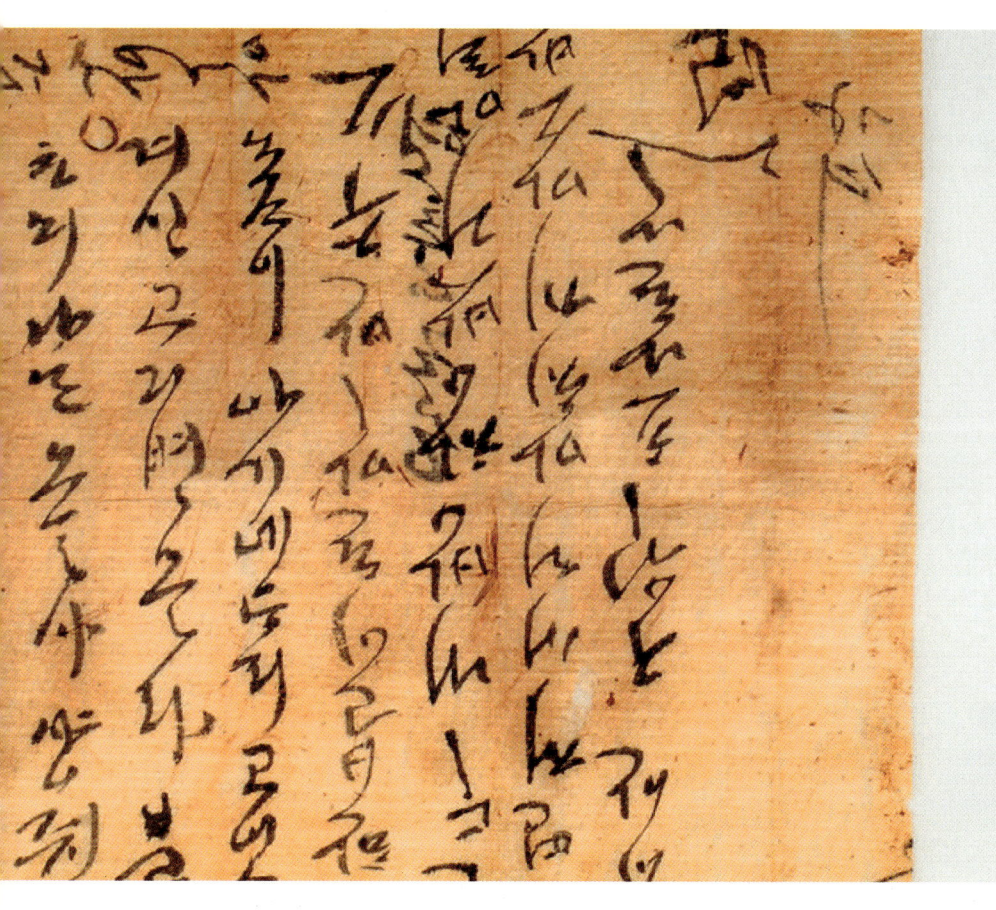

요사이 어찌 계신가. 기별 몰라서 걱정하네. 나는 당시 무사히 왔네. 과거날은 물려서 구월 스무아흐렛날로 한다고 하니 시험을 보고 가노라 하면 결국에는 시월 보름께야 돌아갈 것 같네.

　『현풍 곽씨 언간』은 조선 시대 경상도 달성 현풍에 살던 곽주(郭澍, 1569~1617)라는 사람이 그의 부인 진주 하씨(晉州 河氏, 1580~1652 이후 추정)에게 보낸 편지다. 1989년에 부인 하씨의 무덤을 이장하던 중 다수의 출토 복식과 함께 172매의 편지가 발견되었다. 이 편지는 다채로운 내용을 담고 있는데, 17세기 초의 생활문화상을 이해하는 데 매우 중요한 자료로 평가받고 있다. 특히 곽주가 부인에게 보낸 편지가 105매나 되는데, 여기에는 곽주가 과거를 보러 올라가며 부인 하씨에게 보낸 여러 장의 편지가 포함되어 있다.

　요사이 아버님 모시고 아이들하고 어떻게 계신고. 기별을 몰라서 걱정하네. 나는 어제 김천에서 자고 오늘은 화령으로 가네. 그런데 말이 병들어 김천에서 금동이를 시켜 돌려보내어서, 지금은 말 한 마리와 종들에게 짐을 지우고 걸어가니 남을 따라잡지 못하여 민망해하네. …(중략)… 길이 바빠서 이만 적네. 조심하여 편히 계시오. 길에 가기가 많이 피곤하니 민망하고 민망하네. 초나흗날.

〈현풍 곽씨 편지 5〉

　나는 오늘에야 상주를 떠나니 상소하는 일이 서울에 가도 쉽게 이루어지지 않으면 과거는 못 볼 양으로 가네. 양식이 부족하여 유재로부터 빌린 쌀을 길되로 서 말

아홉 되를 꾸어가니 되말로 너 말만 주고, 옥금의 쌀도 한 말을 꾸어 가니 댁말로 한
분이에게 쌀 한 말만 주소. 콩도 댁말로 유재에게 한 말, 한분이에게 한 말만 주소.
화분들은 내 방 창 밖의 마루에 얹어서 서리 맞게 하지 마소. 바빠서 이만. 구월 초
나흗날.   〈현풍 곽씨 편지 10〉

    1606년 이전에 쓴 것으로 추정되는 이 편지에 그의 서울 가는 노정(路程)이 드러
나 있다. 현풍을 떠난 곽주가 초사흗날 김천에서 자고 상주의 화령으로 가는 길에 쓴
글로, 말이 병들어 종을 시켜 집으로 돌려보내고 나머지 말 한 마리와 다른 종들에게
짐을 나누어 지고 가는데, 그 노정이 만만치 않음을 이야기 하고 있다. 애초 고향을
떠날 때의 곽주 일행은 본인과 세 명 이상의 노비, 말 두 마리로 구성되어 있었다.
    또 다른 편지에는 그가 상주를 거쳐 서울로 향하는 장면이 잘 드러나 있다. 이번
서울행은 과거를 치르는 데에만 있지 않고 상소(上疏)를 올리는 데에도 그 목적이
있었다. 오히려 과거보다는 상소를 올리는 일이 무게의 중심에 있음을 피력하고 있
다. 여행길에 노자(路資)는 무엇보다 중요하다. 그러나 영남 지역을 벗어나지도 못
한 상태에서 부족한 양식을 꾸어서 올라가는 여정이었다. '길되'라는 말이 흥미롭
다. 아마도 여행길에 쓰이는 되는 일반적인 되와 도량형이 달랐던 모양이다.

    요사이 어찌 계신가. 기별 몰라서 걱정하네. 나는 당시 무사히 왔네. 과거날은 물
려서 구월 스무아흐렛날로 한다고 하니 시험을 보고 가노라 하면 결국에는 시월 보
름께야 돌아갈 것 같네. 오늘 충주에서 자니 열이틀날에야 서울에 들어갈 것 같네.
서울 가서 한 달이나 묵을 것 같으니. 흥정하려고 가져온 것을 결국 다 팔아 먹고 흥
정은 못하고 갈 것 같네. 아이들에게도 안부를 이르소. 바빠서 이만. 구월 초구일.
논공 오야댁.
                                                          〈현풍 곽씨 편지 11〉

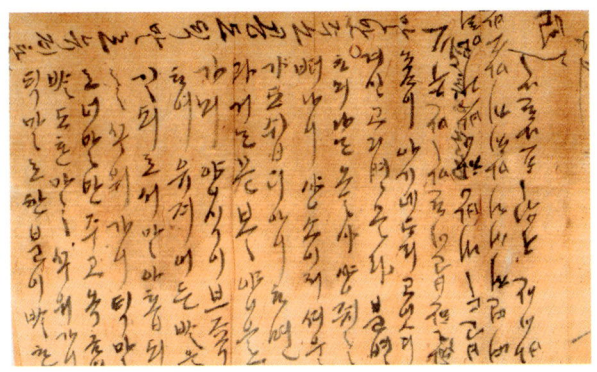
곽주가 고향의 아내에게 보낸 현풍 곽씨의 한글 편지 ⓒ 국립대구박물관

　곽주는 어느 해 9월 9일에 충주에서도 한 통의 편지를 보냈다. 충주에 이르러 들은 정보에 의하면, 과거날이 미루어져서 9월 29일에 열린다고 하였다. 앞으로 사나흘의 여정이 지나 9월 12일경이 되면 서울에 들어갈 수 있는데, 과거날이 미루어져 그만큼 서울에서 머물러야 할 날이 길어졌음을 이야기하고 있다. 뭔가 팔고 사야 할 물건을 가지고 갔지만, 한 달간이나 서울에 머물게 되면서 경비로 모두를 충당해야 할 것 같다는 이야기다. 당시에는 과거날이 미루어지는 일이 다반사였다. 또 다른 편지글에서도 과거가 연기되었다는 이야기가 있다.

　나는 어제서야 새재를 넘어 왔으니 스무나흗날 사이에 서울에 들어갈 것이로세. 과거시험 날을 연기하여 진사시는 시월 스무나흗날이고 생원시는 시월 스무엿샛날이라 하네. 아이들 속량할 일을 과거를 보기 전에 미처 하면 그믐께 서울에서 나가고, 속량할 일이 쉽지 아니하면 결국 동짓달 초생으로 서울서 나갈 것이로세. 구월 스무날.　　　　　　　　　　　　　　　　　　　　　〈현풍 곽씨 편지 12〉

　곽주의 편지글에는 편지를 쓴 달과 날짜는 기록되어 있지만 어느 해에 쓴 것인지는 단정하기 어려운 편지글이 많다. 여러 해 동안 과거에 응시하면서 보낸 편지이

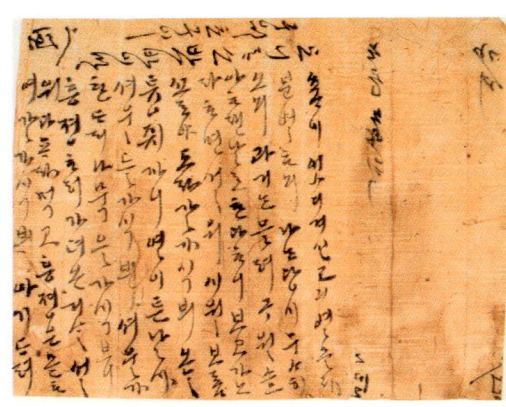

현풍 곽씨의 한글 편지들은 아내의 무덤
에서 발견되었다. ⓒ 국립대구박물관

기 때문이다. 어느 해 구월 스무날의 편지는 그가 문경새재를 넘어 충주에 머물면
서 서울까지는 나흘 정도가 남았다는 전갈을 아내에게 보내기도 했다. 곽주는 과거
시험을 보기 위해 서울을 향하지만 과거 하나에만 목적을 두지는 않았다. 상소하는
일, 물건을 흥정하는 일, 노비를 속량하는 일과 추심하는 일 등을 겸하여 서울로 향
했다.

편지에 그의 집 경상도 달성 현풍에서 출발하여 김천, 화령, 상주, 문경새재, 충
주를 거쳐 서울에 이르는 노정이 잘 나타나 있다. 현풍에서 김천까지 이틀, 김천에
서 충주까지 엿새, 충주에서 서울까지 사흘이 걸렸다. 현풍에서 서울까지는 모두
열하루가 걸렸다. 『팔도 지도』에는 현풍에서 서울까지의 소요 날짜가 여드레 정도
라고 기록되어 있는 데 비하면 사흘이나 더 걸린 셈이다. 행정적으로 규정되어 있
는 소요 시간보다는 길다. 그러나 당시 일반인들의 노정은 친지 방문, 명승 답사, 신
체의 건강 유무, 날씨의 변화 등에 따라 다를 수밖에 없었다. 『조선 도로 거리표』에
는 현풍에서 서울까지의 거리가 600리로 기록되어 있다.

한편, 1610년에 치러진 과거에 응시하고 방을 기다리면서 쓴 편지도 있다. 이 때
는 첫째 부인이 낳은 약관 스무 살의 아들과 함께 과거에 응시했다. 곽주의 나이는
마흔하나였다. "나는 어제야 과거를 마저 보고 나와 있으니 방이 초닷샛날 사이에

날 것이니 행여 과거에 급제하면 이달 그믐께 내려가고 과거를 못하면 이 달 보름께 내려갈 것"이라며 과거 이후의 일정을 편지로 띄었다. 이어서 "둘 중 하나라도 급제하면 얼마나 좋을까"라는 희망을 피력하기도 하였다. 좀 더 상세한 기록은 없으나 마흔한 살의 아버지와 스무 살의 아들이 함께 과거에 응시하러 한양으로 올라가는 길은 서로에게 얼마나 큰 격려가 되었을까? 그렇지만 아버지와 아들은 끝내 과거에 합격하지 못했다. 낙방거자가 되어 고향으로 내려오기를 반복했던 아버지와 아들의 발걸음의 무게는 얼마나 더디었을까?

엽전 열닷 냥

1956년 4월, 한복남에 의해 발표된 유명한 대중가요 '엽전 열닷 냥'이 있다. 이 노래의 노랫말은 옛길의 풍경을 고스란히 담아 내고 있다.

대장군 잘 있거라/ 다시 보마 고향산천/
과거 보러 한양 천리/ 떠나가는 나그네에/
내 낭군 알성급제/ 천번만번 빌고 빌며/
청노새 안장 위에 실어주던/ 아- 엽전 열닷 냥

청운의 꿈을 가득 안고 장도에 오르는 선비의 아내는 마을을 벗어나 고갯마루에
까지 낭군을 따른다. 어젯밤 알뜰하게 챙겼던 괴나리봇짐에 혹시 빠진 것은 없었을
까 걱정이 앞선다. 좁쌀 책〔袖珍本〕, 작은 벼루〔行硯〕와 가는 붓, 먹물 통, 나침반, 작
은 지도책, 표주박, 호패, 옷가지 몇 벌, …그리고 미숫가루와 과거시험날 아침에 먹
을 우황청심환까지 다 넣었다. 마을 어귀에는 천하대장군이 우뚝하게 서서 그들을
지켜본다. 이 장승의 하단에는 '한양천리(漢陽千里)'라는 이정표가 새겨져 있었는지
도 모른다. 몇 해를 글공부에 매진한 선비는 이왕이면 '사마시(司馬試)'를 거치지 않
고 대과에 오르는 '알성시(謁聖試)'에서 인생 역전의 기회를 잡고자 했을 것이다. 암
말과 수나귀 사이에서 난 털빛이 푸른 노새는 몸이 튼튼하고 무거운 짐을 나를 수
있어서 한양 과거 길에 안성맞춤이었다. 그 노새의 안장 위에 살뜰히 아껴 모은 엽
전 열닷 냥을 실어 주던 가난한 젊은 아내는 그 날 이후 정화수를 떠놓고 천지신명
께 간절히 기도를 올렸을 것이다. 가끔씩, 금빛 찬란한 방문(榜文)에 그이의 이름이
첫머리에 오르는 상상을 하였을 것이다. 청룡 꿈도 꾸었을 것이다. 남사당과 같은
유랑예인들의 풍악소리를 앞세워 경쾌하게 걸어오는 노새 위로 '어사화(御賜花)'를
쓰고 '금의환향'하는 낭군을 사립문에서 숨어보다가 홀연히 덮쳐 오는 안개 속에
서 꿈을 깼는지도 모를 일이다.

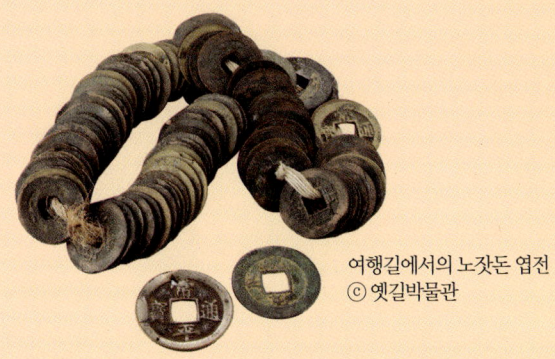

여행길에서의 노잣돈 엽전
ⓒ 옛길박물관

낙방 길, 좌절을 곱씹다

이교익의 풍속화 ⓒ 국립중앙박물관

지난해 새재에서 비를 만나 묵었더니
올해는 새재에서 비를 만나 지나갔네.
해마다 여름비, 해마다 과객 신세
필경엔 허황한 명성으로 무엇을 이룰 수 있을까.

어느 한 쪽에 환희와 영광이 있다면, 다른 한 쪽에는 절망과 좌절이 있게 마련이다. 과거 급제자의 금의환향 길과 달리 낙방거자(落榜擧子)들은 슬픔 속에서 귀향길에 올랐으며, 그 과정에서 느낀 쓰라린 심정을 글로 남기기도 하였다.

문경새재 고갯길에 올라 한숨 짓는 한 선비의 글을 보자.

지난해 새재에서 비를 만나 묵었더니

올해는 새재에서 비를 만나 지나갔네.

해마다 여름비, 해마다 과객 신세.

필경엔 허황한 명성으로 무엇을 이룰 수 있을까.

去年嶺上逢雨宿/ 今年嶺上逢雨行/

年年暑雨年年客/ 畢竟浮名有底成

―유우잠,『도헌일고(陶軒逸稿)』,〈鳥嶺道中〉

유우잠(柳友潛, 1575~1635)은 조선 중기의 학자다. 어려서부터 학문에 힘썼고, 임진왜란 때는 아버지가 의병을 일으키자 참여하여 팔공산 전투에서 공을 세웠고, 정유재란 때도 화왕산성에 들어가 싸웠다. 시에 능하여 명작을 많이 남겼고, 후진 교육에 힘썼다. 저서로『도헌일고』가 있다. 해마다 과객 신세의 유우잠은 거듭되는 낙방의 한을 위와 같이 표현하였다.

박득녕(朴得寧, 1808~1886)은 경북 예천 용문 출신이다. 이 일기책 『저상일월(渚上日月)』은 함양 박씨 5대에 걸쳐 117년 동안 작성된 한문 초서 일기로서 한국 근대 생활사의 한 획을 긋는 저작물이다. 박득녕이 시필자이며, 시필 연대는 1834년이다. 주인공 박득녕은 해마다 향시와 한양에서의 과거시험에 응시하였다. 그 때마다 적어 놓은 과거장 안팎의 이야기는 당시 과거제도의 모습을 고스란히 보여 주고 있다. 1839년, 과거에 낙방한 후의 소회와 노정을 다음과 같이 일기에 적고 있다.

1839. 4. 21

선비가 비록 과거에 낙방했다 하더라도 슬픈 마음이야 가질 수 없지 않은가.

1839. 4. 22

오늘 아침에 종루가 상점들을 둘러보고 약속 장소인 남대문으로 가서 하루 종일 기 다렸으니 일행이 오지 않아 나만 홀로 쓸쓸히 한강을 건넜다. 해마다 올라오는 서울이 었으나 금년처럼 우울하고 쓸쓸한 여행은 없었다. 길동무도 없이 가는 발길이 더욱 무 거웠다. 상경할 때 남한산성을 구경했던 기억이 생생하다.

1839. 4. 25

일행이 뒤따라온다는 기별을 들었다. 반가워서 기다리기로 했으나 아무리 기다려도 오지 않는다. 그만 수안보로 가서 온천이나 하기로 했다.

길동무도 없이 한강을 건너 고향을 향하는 그의 좌절이 물씬 풍겨나고 있다. 문경새재 앞에 다다른 박득녕은 다시 동무들을 기다렸으나 만나지 못하고 수안보 온천에 들러 노정의 피로를 씻고자 했다.

1844년에는 향시를 치르기 위해 대구에 갔다. 동짓달 얼음에 뒤덮인 여러 강을 건넜고, 1냥 1전을 주고 과거시험지를 샀다는 기록도 보인다. 조선 말기 과거제도의 문란함을 여실히 보여 주고 있기도 하다.

1844. 11. 16

복시를 보기 위해 오후에 집을 떠났다.

1844. 11. 17

날씨가 어제보다 더 쌀쌀했다. 꽁꽁 얼어붙은 다인강을 얼음을 밟고 건넜다.

1844. 11. 18

토진강(낙동강 상류)도 얼음을 밟고 건넜다.

1844. 11. 19

비산진은 반은 배를 타고 건넜고, 반은 얼음을 타고 건넜다.

1844. 11. 20

금오강을 건너 성내로 들어가 김씨 집에 투숙했다.

1844. 11. 23

1냥 1전을 주고 초지(草紙, 시험지)를 샀다.

1844. 11. 24

새벽부터 눈이 왔다. 반나절쯤 과거장에 들어가 삼장을 치렀다.

1844. 11. 26

숙소에서 유숙하면서 방목을 기다렸으나 발표되지 않았다. 소식을 알아보니 어떤 세 력가가 돈을 주고 합격자를 바꾸었다고 한다.

1844. 11. 27

나는 급제하지 못했다.

비 내리는 문경새재도 아름답다. ⓒ 서헌강

　　김진(金搢, 1599~1684)은 조선 중기의 학자로서 일찍부터 시재가 뛰어나서 인근에 이름을 떨쳤다고 한다. 1651년 53세로 생원시에 합격하였고, 1678년(숙종 4년) 노인직으로 첨지중추부사의 벼슬이 내려졌다. 저서로는 『남곡일고(南谷逸稿)』가 있다. 그는 영주사람으로 영남의 대표적 고갯길 중 하나인 죽령을 넘나들며 과거에 응시했다. 아래 두 편의 시는 거듭되는 낙방길의 소회를 읊은 것이다.

　　　　죽령이 하늘에 빗겨 있어 늙은 말은 자빠지고

　　　　초초한 행장으로 경기를 향하는데

　　　　여러 해 거듭하여 헛되이 돌아가니

　　　　어느 날 연꽃이 귀밑머리에서 빛날까.

　　　　竹嶺橫天老馬顚/ 行裝草草向畿甸/

　　　　年年歲歲空歸去/ 何日蓮花照鬢邊

　　　　　　　　　　　　－김진, 『남곡일고』, 〈上洛吟〉

1651년 신묘년, 김진은 쉰셋의 나이로 생원시에 당당히 합격한다. 머리에는 아마도 백발이 성성하였으리라. 그러나 그는 마침내 어사화를 쓰고 만다. 비록 사마시였지만 가족과 집안에 면을 세울 수 있어서 다행이었다. 젊은 날 오가던 과거 길이 생각나 눈물이 앞을 가렸고, 소년이라 놀리는 사람들 앞에서 스스로도 겸연쩍은 웃음을 지었을 것이다. 다만, 이 기쁜 소식을 듣지 못하고 떠나신 부모님의 모습이 자꾸만 떠올랐을 것이다.

초가을 서울의 흙먼지를 밟았다가
머리에 연꽃 꽂으니 소년이라 비웃네.
삼 일 동안 유가할 때 희비가 다하였고
어버이 없음을 견디지 못해 눈물이 수건을 적시네.
初秋登踏洛陽塵/ 頭挿蓮花笑少年/
三日遊街喜悲極/ 不堪風樹淚霑巾

−김진, 『남곡일고』, 〈辛卯秋七月…〉

그러나 모든 낙방자들이 허탈한 마음으로 곧바로 귀향길에 올랐던 것은 아니었다. 그들 가운데에는 한양 명승지를 유람하며 마음을 위로하는 경우도 있었다. 과거에 낙방한 자들은 바로 집으로 돌아가지 않고 한양의 명승지를 두루 유람하기도 했는데, 송파나루는 가장 대표적인 장소였다.

노비 석을이의
과거 시험

　삼남의 어느 고을에 해마다 치러지는 과거에 응시하는 선비가 있었다. 선비는 여러 차례 과거에 응했으나 그의 기재로는 합격할 수 없었다. 하지만, 부유했던 집안의 기대와 문중의 명예 때문에 형식적이나마 글공부에 매달릴 수밖에 없었다. 어느 해부터인가는 거름 지고 장에 가듯 한양 과거 길에 오르곤 하였다. 과거시험보다는 서울 나들이가 그에게는 더 흥미로운 일이 되어 버린 지 오래였다.

　올해도 과거시험의 날이 잡혔다는 소문이 돌았고, 과거날이 임박해 오자 괴나리봇짐을 챙기고, 나귀를 구하고, 못 아래에 있는 좋은 논 몇 마지기를 팔아 노자(路資)를 넉넉히 준비했다. 늘 서울 과거 길에 따라다니면서 그의 시중을 잘 들어 주었던 노비 석을이가 이번에도 낙첨되어 따르기로 했다. 과거가 한 달이나 남았지만, 선비는 아랑곳 않고 길을 떠나기로 했다. 그의 금의환향을 기원하며 식구들과 문중의 어른들이 그날 아침 마당을 메웠다. 이때 노비 석을이가 여러 사람들 앞에서 한마디 하는 것이었다.

"서방님, 이번 과거시험은 저 혼자 빨리 치고 오면 안 되겠습니까?"

하고는 난데없는 이야기를 하는 것이었다. 석을이의 말에 어이없어 하며 선비가 맞받아쳤다.

"네 이놈, 네가 뭘 안다고 과거시험을 친단 말이냐, 이놈이 실성을 했나!"

석을이가 다시 꿋꿋하게 말을 잇는다.

"서방님, 해마다 올라가서 과거시험지 사다가 저기 저 수표교 아래에 휙 버리고 오는 게 과거시험 아닙니까? 그런 거라면 저 혼자서라도 충분히 할 수 있습니다."

조선통신사가 간다

조선통신사 행렬도 ⓒ 국사편찬위원회

조선통신사가 일본에 다녀온 기록을 모아 놓은 『해행총재(海行摠裁)』에는 문경과
관련된 기록이 매우 많다. 사행에 대한 접대, 인마의 교체, 환송연 개최에서부터
이 지역의 문경새재와 용추, 교귀정, 관산지관, 유곡역 등의 경관을 노래하고 소
회를 기록한 것들이다.

'조선통신사(朝鮮通信使)'는 개화기 이전까지 조선이 일본에 파견한 대규모 외교 사절을 지칭하는 명칭이다. 임진왜란 이전까지는 '통신사'라는 명칭만을 사용하지 않고 '회례사(回禮使)', '보빙사(報聘使)', '경차관(敬差官)' 등의 명칭을 사용하였다. 문경은 1420년 회례사(回禮使)부터 1881년 신사유람단(紳士遊覽團)에 이르기까지 대일(對日) 사행의 중요 왕복 노정 지역이었다. 1763년 통신사행의 경우 문경 지역 노정을 보면 다음과 같다.

왕로(往路) : 안보(安保) 출발 – 용추 점심 – 문경 숙박

　　　　　문경 출발 – 신원(新院) 점심 – 유곡(幽谷) 숙박

복로(復路) : 상주(尙州) 출발 – 함창(咸昌) 점심 – 문경 숙박

　　　　　문경 출발 – 연풍(延豐) 점심 – 괴산(槐山) 숙박

조선통신사의 구성은 일본인과의 문화 교류를 염두에 두고 사신(使臣)은 물론, 제술관(製述官) · 서기(書記) · 의원(醫員) · 사자관(寫字官) · 화원(畵員) · 악대(樂隊) · 마상재(馬上才) 등 문예적인 재능과 기예(技藝)를 갖춘 400~500명의 인원으로 구성되

었다. 한마디로 문화사절단인 셈이다.

조선 후기의 통신사는 처음에 양국의 평화를 유지하는 수단으로 파견되었지만, 평화가 오래 지속되자 대신 문화적으로 선진 문물을 전달하는 역할이 강화되었다. 통신사 행렬이 한양에서 에도까지 향하는 데 6개월에서 1년 정도가 소요되었는데, 통신사가 지나는 각 번은 통신사를 국빈으로 대우하며 대접하였고, 일본 문화에 많은 영향을 주었다.

통신사는 최고 책임자인 정사를 비롯하여 부사, 종사 등 570여 명이 넘는 규모였다. 조선에서의 노정을 살펴보면 가는 길과 오는 길이 조금 달랐으나, 문경 구간만은 어쩔 수 없이 같았다. 가는 길은 '한양–용인–죽산–충주–문경–유곡–안동–영천–경주–울산–부산'이다.

250년 전, 우리에게 고구마의 전파자로 널리 알려진 조엄(趙曮)도 조선통신사의 정사(正使)로서 일본에 다녀왔다. 그가 쓴 『해사일기(海槎日記)』에는 문경새재와 문경 지역을 지나서 부산으로 향하는 노정과 11개월 뒤 다시 한양으로 가는 그의 고된 여정이 잘 그려져 있다.

문경새재를 지나 일본으로 가는 길

1763년(영조 39년) 8월 9일

아침에 비. 늦게는 흐렸다. 조령(鳥嶺)을 넘어 문경(聞慶)에 이르렀다. 고갯길이 질어 거의 사람의 무릎이 빠지므로, 간신히 고개를 넘어 문경에 도착했다. 조령(鳥嶺)에서 시(詩) 두 수를 지었다. 이 날은 50리를 갔다.

1763년(영조 39년) 8월 10일

맑음. 유곡역(幽谷驛)에 닿았다. 신원참(新院站)에 들어가 말에게 죽을 먹이고 견탄에 이르니, 물살이 거센 데다가 길고 넓었다. 본 고을 원이 냇물 건너는 역군을 많이 준비해 놓지 못하여 간신히 건너다가 일행의 인마(人馬)가 더러 넘어지는 자도 있고, 더러는 떠내려가는 자도 있었다. 건너지 못한 사람은 신원참으로 되돌아가 묵게 하고 이미 건넌 사람만 거느리고 유곡역에 당도하니, 밤 3경(更)이었다. 첫 참인 양재(良才)에서부터 조령(鳥嶺)을 넘어오기까지 일행의 소속은 매양 단속하면서도, 각 고을의 거행에 대해서는 일찍이 탈잡아 매를 때린 일이 없었다. 그러나 견탄을 건널 때는 인마(人馬)가 거의 다칠 뻔하고, 기강(紀綱)이 너무 해괴하기에 마지못해 그 고을 좌수(座首) 및 그 색리(色吏)를 잡아다가 엄하게 형벌하였다. 이 날은 30리를 갔다.

일본에서 돌아오는 길

1764년(영조 40년) 7월 2일

맑음. 함창에서 점심을 먹고 문경에서 잤다. 오정에 견탄을 건너 문경(聞慶)에 들어갔다.

1764년(영조 40년) 7월 3일

맑음. 조령(鳥嶺)을 넘어 연풍(延豊)에서 점심을 먹고 저녁에 괴산(槐山)에서 잤다. 날이 밝을 무렵에 출발, 용추(龍秋)의 교귀정(交龜亭)에서 잠시 쉬었다. 지난번 출국 시에 시를 지어 걸어 두었었는데, 오늘 벽에 걸린 여러 시들을 보니 감회가 더욱 깊었다. 조령의 관문을 들어서니 연풍(延豊) 원이 기다리고 있었다.

조선통신사가 일본에 다녀온 기록을 모아 놓은 『해행총재(海行摠裁)』에는 문경과 관련된 기록이 매우 많다. 사행에 대한 접대, 인마의 교체, 환송연 개최에서부터 이 지역의 문경새재와 용추, 교귀정, 관산지관, 유곡역 등의 경관을 노래하고 소회를 기록한 것들이다.

조선통신사의 노정이 남쪽을 향한 이 고갯마루에서 새롭다. ⓒ 서헌강

조선통신사의 국내 노정

경상도는 좌도(左道)·우도(右道)가 있으므로 갈 때에는 경상 좌도를 거쳐서 가고, 돌아올 때에는 경상 우도를 거쳐서 온다. …(중략)… 양재, 판교, 용인, 양지, 죽산, 무극, 숭선, 충주, 안보, 문경, 유곡, 용궁, 예천, 풍산, 안동, 일직, 의성, 청로, 의흥, 신녕, 영천, 모량, 경주, 구어, 울산, 용당, 동래로 길을 안내한다. 경상 우도에서는 문경에서 함창, 상주, 오리원, 청도, 유천, 밀양, 무흘, 양산을 거쳐서 동래에 이른다.

－『통문관지(通文館志) 6』, 〈선문식(先文式)〉

5백 명 사행원 가운데 비록 누구는 실행(實行)이 있고 누구는 기재(奇才)가 있는지 자세히 알 수는 없다. 대강 논해 보건대, 문사(文詞)에 능한 자·무예에 능한 자·의약(醫藥)에 능한 자·역학(譯學)에 능한 자·서화(書畵)에 능한 자·기예(技藝)에 능한 자·율려(律呂)에 익숙한 자·말몰이에 능한 자·배를 부리는 데 능한 자·병서(兵書)를 외고 변례(邊例)를 익힌 자가 다 왔다. 그 밖에 노래하는 자·춤추는 자·장기를 잘 두는 자·바둑을 잘 두는 자·쌍륙(雙陸)을 잘 두는 자·뱃사공·악공(樂工)·점쟁이·관상쟁이·잠수를 하는 자·배우·바느질하는 자·조각하는 자·말총을 매는 자·목수·야장(冶匠)·포수·무당 등 모두가 있으니, 또한 사람은 다 한 가지 능함이 있다고 할 만하다.

―조엄, 『해사일기』

조선통신사 행렬도, 조선통신사의 행렬은 400~500명이나 되었다. ⓒ 국사편찬위원회

프랑스 인 샤를르 바라가 감탄한

문경새재의 가을

문경새재

때는 가을, 여지껏 이처럼 절묘하게 배합된 색조 속에서 짙은 초록으로부터 찬
란한 황금빛에 이르기까지 풍부하기 이를 데 없는 색깔들로 치장된 자연을 나
는 본 적이 없다. 경치에 넋을 잃고 한참을 가다 보니 어느새 문경의 성문 앞에
당도했다.

1886년, 조불수호통상조약이 체결되었다. 프랑스 인 샤를르 바라(Charles Louis Varat, 1842~1893)는 1888년부터 이듬해까지 프랑스 정부 문화예술부가 지원한 문화탐사단을 이끌고 조선을 탐사하였다. 그는 지리학자이자 민속학자였다. 당시 열강들의 각축장이었던 조선을 속속들이 살피는 것이 그의 주된 임무였을 것이다. 이후 그는 「조선 종단기」를 남겼다. 그들은 탐사뿐만 아니라 많은 유물들을 수집했는데, 이들의 수집품은 현재 파리의 국립 기메(Guimet) 동양박물관에 소장되어 있다. 그의 탐사 목적이 우리로서는 탐탁하지 않지만, 그가 문경새재를 넘으며 남긴 글이 있어 소개한다.

때는 가을, 여지껏 이처럼 절묘하게 배합된 색조 속에서 짙은 초록으로부터 찬란한 황금빛에 이르기까지 풍부하기 이를 데 없는 색깔들로 치장된 자연을 나는 본 적이 없다. 경치에 넋을 잃고 한참을 가다 보니 어느새 문경의 성문 앞에 당도했다. 문 위로는 화려한 색조로 치장된 조각이 올려져 있었고 …(중략)… 오르는 길이 험난했던 만큼 내리막길은 아름다웠다. 아까 묘사했던 숲과는 비교도 할 수 없을 정도의 근사한 풍경이었다.

바라는 가을날 서울에서 경기도와 충청도를 거쳐 문경새재에 도착한다. 민속학

아들로 바라가 본 제2관문의 단청 ⓒ 서헌강

가을이 깊어가는 문경새재

자답게 그의 글은 조선의 생활상을 많이 담아 내고 있다. 아마도 남하하는 단풍을 따라 그의 여정이 시작된 모양이다. 문경새재 조령관에 이르면서 절정의 단풍을 보았고, 문경새재를 내려오면서 조선의 자연에 흠뻑 젖어드는 모습이다. 문경새재는 '앞서 묘사했던 숲과는 비교도 할 수 없을 만큼 빼어난 풍경'으로 묘사되고 있다.

100년은 너끈히 되었을 법한 아름드리나무들, 특히 삼나무가 우리의 머리 위로 빽빽한 가지를 드리우고 있었으며, 금빛이 살짝 감도는 적갈색의 가지들 사이로 부드러운 햇살이 스며들어 와 이루 형언할 수 없는 신비스런 풍광을 연출하고 있었다. 이따금 화들짝 놀란 새들의 지저귐이나 난데없는 인적에 혼비백산 달아나는 산짐승들의 낙엽 밟는 소리가 숲의 거대한 정적을 깨뜨리곤 하였다. 나는 피곤에 지친 일행보다 훨씬 앞서서 홀로 걸어 내려가고 있었다. 그윽한 나무 냄새에 취한 채, 나는 상쾌하기 그지없는 이 오래된 숲속에서 완전한 고독의 무한한 마력을 한껏 들

제3관문 조령관의 가을.
문경새재 고갯마루는 해발 650m 높이에 있다.

문경새재의 단풍

이마셨다. 그러던 중 내가 당도한 깊은 협곡 오른쪽으로는 깎아지를 듯한 석회암 절벽이 솟구쳐 있었다. 찬탄이 절로 나올 만큼 흠잡을 데 없는 수직의 거대한 암반층을 스쳐가면서, 비나 벼락으로 생겼을 그 면의 틈새마다 군데군데 작은 관목들이 생기 넘치는 빛깔을 자랑하고 있는 모습을 나는 넋을 잃고 올려다보았다. 잠시 그렇게 가다 보니, 총안이 촘촘히 뚫린 거창한 성벽과 맞닥뜨렸는데, 아마도 어떤 옛 귀족의 거처였거나 아니면 국경선의 요새였던 게 분명했다. 오랜 세월을 버려진 채 방치되어 온 듯한 성벽은 옛 시절의 거창한 골격만 남아 있는 꼴이었다. 우린 계속해서 내려갔고, 하늘은 점점 더 푸르며 공기는 따스해졌고, 꽃들은 더욱더 만발해 있었다.

─샤를르 바라 / 사이에 롱, 『조선 기행』, 눈빛, 2006. pp.147~153

밟아야 아름다운 문화재, 옛길

개나리꽃이 만발한 문경새재 옛길의 봄

밟아도 되는 문화재, 밟아야 하는 문화재들이 탄생하였다. 문경에 있는 '문경새재(제32호)'와 '문경 토끼비리(제31호)', '계립령로 하늘재(제49호)'를 비롯하여 '죽령 옛길(제30호)', '구룡령 옛길(제29호)', '대관령 옛길(제74호)' 등이 국가지정문화재 명승으로 지정되었다.

　최근 옛길에 대한 관심이 크게 일고 있다. 문화재청은 '옛길'을 문화재로 지정하기에 이르렀다. 그래서 밟아도 되는 문화재, 밟아야 하는 문화재들이 탄생하였다. 문경에 있는 '문경새재(제32호)'와 '문경 토끼비리(제31호)', '계립령로 하늘재(제49호)'를 비롯하여 '죽령 옛길(제30호)', '구룡령 옛길(제29호)', '대관령 옛길(제74호)' 등이 국가지정문화재 명승으로 지정되었다.

　걷기 문화가 확산되면서 '제주 올레', '지리산 둘레길', '소백산 자락길' 그리고 각 지역마다 테마를 붙인 걷기 좋은 길들이 속속 등장하고 있다. 사실 이러한 길들은 새로 닦은 길이 아니다. 이미 있었던 길이다. 우리가 알지 못했고, 걷지 않았고, 느끼지 못했을 뿐이다.

　영혼의 안식처로서 산티아고 가는 길을 이야기하고, 문명의 전파와 교역의 통로로서 실크로드, 차마고도를 바라봤을 뿐이다. 새로운 시대의 삶의 방식에 부응하기 위하여 영국의 내셔널 트레일, 일본의 자연 보도를 차용하곤 했다.

　길은 장소와 장소를 이어 주는 이동 경로다. 많은 길들이 나타났다가 사라지고, 그리고 새로 생겨났다. 길의 생성과 소멸은 말 그대로 아름다운 명멸이었다. 사람이 다니면 어디나 길이 되었고, 사람의 발길이 멎으면 길은 점점 사라져 버렸을 것이다.

　최초의 길은 동물이 먹이를 찾고 생태를 유지하기 위해 다니던 동물의 이동로였

문경새재 옛길의 여름. 맨발로 걷기 좋은 옛길이다.

다. '길'은 인간사회에도 큰 변화를 주었다. 아무도 걷지 않은 곳을 어떤 한 사람이 지나가고, 그 곳을 지나는 또 다른 누군가가 그 앞을 지나간 사람의 발자국을 따라 걸었고, 그렇게 점차 누적된 발걸음이 길을 만들었다. 인류 문화의 발전에 따라 길은 정치·경제·사회, 문화의 소통과 발전의 근간이 되었다. 우리나라의 옛길도 마찬가지다. 영남대로, 삼남대로, 관동대로, …이렇게 길은 인류의 역사가 새겨진 산물이며 이상을 향한 통로다. 전혀 다른 문화와 문화를 이어 주는 소통의 공간이다.

이러한 의미에서 문경새재는 우리나라 옛길 중의 옛길이라고 할 수 있다. 여느 길처럼 확장이 되어 신작로가 되고, 포장이 되어 국도가 된 경험이 없다. 다양한 생태 환경을 비롯해 조선 시대 500여 년의 역사를 고스란히 간직한 인문환경까지 이 모두가 우리의 유산이다.

문경새재 옛길의 가을. 옛길에는 박석도 깔려 있다.

봄, 백두대간 하늘금을 향해 오르는 연초록의 향연을 바라보
며 경쾌하게 걸어보라.

여름, 소낙비가 마사토 흙길에 튀는 모습을 바라보며 맨발로 걸어보라.

가을, 보름 달빛이 터주는 환한 길을 걸어 올라보고 그믐께 조령관에 올라 쏟아
지는 별빛을 바라보라.

겨울, 눈 덮인 새재길 앞사람의 발자국에 내 발자국 보태며 걸어보라.

눈 덮인 옛길이 더욱 운치 있는 문경새재 옛길의 겨울

짚신과 미투리

미투리는 백리 길을 가면 구멍이 뚫어지고, 짚신은 십리 길만 가도 구멍이 난다. 미투리 값은 짚신 값에 비하여 열 배나 비싸기 때문에, 비천한 백성들은 모두 짚신을 신으면서 날마다 갈아신기에 여념이 없다. 가죽신 값은 또 미투리에 비하여 열 배나 된다.

－박제가(1750~1805), 『북학의』

문경새재와 관방 시설

제3관문(조령관)의 오늘 모습 ⓒ 서헌강

관방 시설의 여러 기능 중 문경새재의 관방 시설은 중요한 요충을 이룬 곳을 요
새화한 산성에 해당된다. 차용걸 교수에 의하면 우리나라에서 가장 주요한 교통
의 대로를 막는 한 줄기의 관성(關成)이나 방장(防墻)에서 진화된 것으로 대표적
인 산성이 '조령산성'이라고 한다.

　임진왜란은 조선 선조 25년(1592)부터 31년(1598)까지 2차에 걸쳐서 우리나라를 침입한 왜군과의 싸움을 말한다. 해상에서 이순신의 활약에도 불구하고 육상에서 이일, 신립 등이 계속 패배함으로써 선조는 의주로 파천하였고, 뒤에 명나라의 원병과 권율 등의 반격으로 일단 화의가 되었으나, 선조 30년(1597)에 다시 왜군이 재침하여 물러간 전쟁이다.

　문경새재는 고니시 유끼나가가 이끄는 왜군 제1번대의 침략 루트와 관련이 있다. 왜군 1번대는 부산에 상륙한 이후 밀양, 상주, 충주, 서울, 임진강까지 진출한다. 경상도 지역에서의 전투는 산발적으로나마 부산진성 전투, 동래성 전투, 밀양 작원관 전투, 상주 전투, 문경 전투 등이 벌어졌지만 중과부적으로 당해낼 수 없었다.

　1592년 4월 27일, 왜군의 주력 부대는 상주를 떠나 오후에 함창을 거쳐 문경에 도착하여 신길원 현감을 시해하였다. 다음날 새벽 4시에 문경을 떠나 문경새재를 넘어 아침 8시에 수안보를 지났으며, 12시경에는 충주 단월역 전방까지 진출하였다. 4월 28일, 아침 일찍 삼도순변사로 임명받은 신립 장군은 탄금대로 나아가 배수의 진을 치고 왜군을 맞아 전투를 치르게 되지만 왜군의 조총 앞에 처참한 최후를 맞이하고 만다. 이와 같이 임진왜란 초기의 문경 지역의 전투와 관련해서는 여러 가지 이야기들이 전해 내려온다. 특히 '진안리', '이진터'와 같이 신립 장군이 진을 구축했다는 지명과 설화들이 전승되고 있지만, 역사적 사실과 다투어보면 크게

제1관문(주흘관)의 옛 모습(1900년대 초반) ⓒ 문경시

제1관문(주흘관)의 오늘. 옛 모습 그대로 온전한 관문이다. ⓒ 서헌강

믿을 바가 되지 못한다. 단지 후세의 민중들은 천험의 요새인 문경새재에서 왜군을 막지 못한 안타까움을 설화로서 대변하고 있을 뿐이다.

비록 '소 잃고 외양간 고치는' 아쉬움은 있으나 문경새재의 관방 시설은 이러한 역사적 사건을 배경으로 시작된다. 관방 시설의 여러 기능 중 문경새재의 관방 시설은, 중요한 요충을 이룬 곳을 요새화한 산성에 해당된다. 차용걸 교수에 의하면 우리나라에서 가장 주요한 교통의 대로를 막는 한 줄기의 관성(關城)이나 방장(防墻)

제2관문(조곡관)의 옛 모습(1900년대 초반) ⓒ 문경시

제2관문(조곡관)의 오늘. 가장 먼저 축성된 관문이다. ⓒ 서헌강

에서 진화된 것으로 대표적인 산성이 '조령산성'이라고 한다.

문경새재는 예로부터 낙동강 유역의 영남 지방과 한강 유역의 기호 지방을 연결하는 중요한 길목이었다. 험준한 산악 지대에 위치하고 있는데 북쪽의 마패봉(925m), 동쪽의 부봉(917m), 주흘산(1106m), 서쪽의 깃대봉(812.5m), 조령산(1026m)으로 둘러싸여 있다. 이 사이의 협곡과 평탄부에 관방 시설이 설치되어 있다. 관방 시설은 관문과 성

제3관문(조령관)의 옛 모습(1900년대 초반) ⓒ 문경시

제3관문(조령관)의 오늘. 3관문은 북쪽을 향해 문이 나 있다. ⓒ 서헌강

곽 그리고 부대 시설로 이루어져 있다. 관문은 세 개가 존재한다. 남쪽을 기준으로 차례로 각각 '주흘관(영남 제1관)', '조곡관(영남 제2관)', '조령관(영남 제3관)' 이라고 명명하고 있다.

임진왜란과 제2관문

제2관문(조곡관)의 모습 ⓒ 서헌강

국가지정문화재 사적 제147호로 지정되어 있는 '문경 조령 관문' 중 가장 먼저
축성된 관문이 제2관문이다. 남쪽으로부터 오는 적, 곧 왜적을 막기 위해 쌓은 성
으로 오늘날 '조곡관' 또는 '영남 제2관' 이라고 부른다.

　국가지정문화재 사적 제147호로 지정되어 있는 '문경 조령 관문' 중 가장 먼저 축성된 관문이 제2관문이다. 남쪽으로부터 오는 적, 곧 왜적을 막기 위해 쌓은 성으로 오늘날 '조곡관' 또는 '영남 제2관'이라고 부른다. 이전의 이름으로는 '조동문(鳥東門)', '주서관(主西關)', '중성(中城)', '중성문(中城門)', '조서문(鳥西門)' 등의 명칭이 문헌과 옛지도에서 확인된다. 축성 이후 증개축을 거듭하였고, 훼손되어 방치되던 것을 1970년대 후반에 현재의 모습으로 복원하였다. 이때 '조곡관'이라고 개칭하였다.

　이 곳은 1·3관문이 위치하고 있는 곳에 비해 계곡부가 가장 좁은 곳이다. 그뿐만 아니라 서쪽은 깎아지른 듯한 절벽이고 동쪽도 비교적 산세가 험하고, 앞쪽 5m 정도 되는 지점에 성곽과 평행하게 개울물이 흘러서 왜적을 방어하기가 쉽다.

　문경새재 관방 시설에 대한 기록은 『조선왕조실록』이나 조선 시대에 편찬된 지리지에 실려 있다. 이 가운데 문경새재에 관방을 설치하자는 최초의 기록은 선조 26년 6월에 나타난다. 명나라에서 파견된 경략과 유원외가 건의한 내용이 그것이다.

　경략이 말하기를 "내가 듣기에 경상도는 조령이 가장 험준하다고 하니, 관방을 설치하고 방수하여 훗날의 환난에 대비하지 않을 수 없습니다. 귀국의 선후책으로 이보다 더 급한 일이 없을 것입니다." 하니, 상이 말하기를 "대인의 분부가 이와 같으니 감격스러운 마음 말할 수 없습니다. 관을 설치하는 일을 마땅히 분부대로 거행하겠습니다." 하였다.

　　　　　　　　　　　　　　　　　　　　　　　　　　　　－『선조실록』 26년(1593) 6월조

1900년대 초반 제2관문(조곡관)의 수구 ⓒ 문경시

그러나 전쟁 중 물자가 부족하고, 문경새재뿐만 아니라 다른 곳에도 이와 같은 관방 시설이 필요하다는 의견이 개진된다. 심지어는 중국에 화공(畵工)을 보내어 관방 설치를 위한 자료를 얻자는 의견도 나온다. 하지만 당장 실현되지는 못한 것 같다. 결정적인 계기는 이듬해인 선조 27년 2월, 유성룡의 건의에서 비롯된다. 유성룡은 안동 하회 사람으로, 고향에서 한양을 오갈 때에 문경새재를 자주 넘나들었을 것이다. 그래서인지 이 곳의 지형지세에 익숙한 모습을 발견할 수 있다.

오늘날 형세는 조령을 굳게 지키는 계책이 가장 긴급합니다. 충주는 경도(京都)의 상류에 있는 지역으로, 나라의 문호가 되니 충주를 지키지 못하면 한강을 연한 수백 리가 모두 적의 공격을 받게 됩니다. 충주를 보전하려면 조령을 굳게 지키는 것으로 부터 시작해야 합니다. 조령의 험준함을 막지 못하면 충주 또한 지킬 수 없다는 것은 지난날 신립의 패전으로 이미 분명히 징험되었습니다. 지금 수문장 신충원(辛忠元)이란 자는 바로 충주 사람인데, 조령의 형세 곡절을 소상히 알고 있습니다. 조령의 영상에서는 길이 여러 갈래로 분산되어 있어 지킬 수가 없습니다. 영상에서 동쪽으

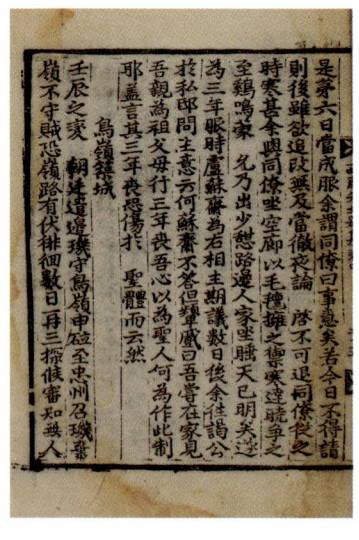

유성룡의 『서애집』에 '조령 축성' 기록이 있다. ⓒ 옛길박물관

로 10여 리쯤 내려오면 양쪽 절벽이 매우 험준하고 가운데에는 계수가 고여 있는데, 왕래하는 행인들이 횡목(橫木)을 놓아 다리를 만든 곳이 모두 24군데인데, 이 곳을 '응암(鷹巖)'이라 부릅니다. 만약 이 곳에 병기를 설치하여 파절(把截)하다가 적병이 올 때 다리를 철거하고 또 시냇물을 가로막아 두 계곡 사이로 큰 물이 차게 한다면 사람은 발을 붙이지도 못할 것입니다. 이어 궁노(弓弩)·능철(菱鐵)·화포(火砲) 등의 병기로 지키면 불과 1백여 경졸(勁卒)로도 조령의 길을 튼튼히 막을 수 있습니다.

-『선조실록』 27년(1594) 2월조

이렇게 시작된 문경새재 관방 시설의 설치는 선조 27년에 완성되었다. 선조 27년 6월 충청도 순찰사 윤승훈이 선조에게 올린 보고에는 죽령 또한 방치되어 있으니 신충원이 문경새재 응암에 성곽을 완성한 다음 그를 시켜 죽령에 설관하자는 주장이 있다. 적어도 선조 27년 6월에는 성곽을 설치하는 공사가 진행되고 있었음을 알 수 있다. 비변사가 올린 같은 해 10월의 보고에는 비로소 문경새재 응암의 관방 시설이 완성되었음을 알 수 있는 기록이 있다.

조령은 호서와 영남 사이에 있어서 만일 버리고 지키지 않는다면 충주 이하의 수륙(水陸)으로 툭 트인 형세는 동이의 물을 쏟는 듯하여 막을 수가 없습니다. 그렇기 때문에 조령에 관문을 설치하자는 의논이 전부터 있어왔으나 다만 역사가 커서 손을 대지 못하고 있었습니다. 그런데 신충원은 미천한 사람으로서 관력(官力)을 번거롭게 하지 않고 이 큰 역사를 완성하여 엄연히 하나의 관방(關防)을 만들었으니 포장(褒奬)하여 다른 사람들을 권장하지 않을 수 없습니다.

-『선조실록』 27년(1594) 6월조

문경새재가 호서와 영남 사이에 있는 중요한 요새지라는 점을 거듭 밝히고, 관문

제2관문(조곡관)의 모습

을 설치하자는 의견이 오래 전부터 있어 왔다고 하였다. 큰일에 소비되는 재정적인 문제로 쉽게 그 뜻을 이루지 못하였다. 그러나 신충원이 이 역사(役事)를 원활하게 수행하여 상을 내릴 것을 건의한 것이다. 선조는 그대로 따랐다고 한다.

정리하자면, 문경새재 최초의 관방 시설은 임진왜란이 일어나고 2년이 지난 1594년에 완성된다. 1593년 6월에 관방 설치의 의견이 피력되었고, 이듬해인 1594년 6월에는 공사가 어느 정도 진행되고 있었으며, 그 해 10월 마무리된 것으로 파악할 수 있다. 명나라 장수의 의견과 유성룡 등의 구체적인 건의가 있어 왔다. 이 일을 주관한 사람은 충주 사람 신충원이었다.

제2관문(조곡관)의 규모

성곽은 크게 문루와 이와 연결되는 좌우의 평지성, 동쪽 평지성과 연결된 산성으로 나누어 볼 수 있다. 문루는 돌로 축조한 홍예문 위에 있다. 문루 아래는 잘 다듬은 입방체형 돌로 바른층 쌓기를 하고, 그 중앙부에 높이 3.6m, 너비 3.5m, 길이 5.8m의 홍예문을 두었다. 이때 석재들은 높이를 거의 일정하게 다듬어 8단으로 축조하였다. 문루의 규모는 정면 3칸, 측면 2칸이고, 지붕은 팔작 기와지붕이다. 좌우에 협문이 1개씩 있다. 문루 앞쪽에는 '조곡관(鳥谷關)', 뒤쪽에는 '영남 제2관(嶺南第二關)'이란 현판이 걸려 있다.

문루와 연결되는 평지성도 바른층 쌓기를 하였다. 그러나 문루의 석재가 잘 다듬어져 매끈한 데 비해 평지성의 석재는 거칠게 다듬었다. 성벽 상부에는 미석을 두었고 미석 위에 여장을 배치하였다. 평지성 동쪽에 치성이 있다. 평지성의 규모는 높이 4.5m, 폭 3.5m, 길이 80m 정도이다. 치성은 문루에서 동쪽으로 50m 정도 떨어진 지점으로 산성과 평지성이 만나는 부분에 있다. 규모는 높이 4.5m, 가로 2.3m, 세로 2.4m 정도이다.

산성은 평지성에 연결해 쌓았으며, 길이는 35m 정도이다. 이 중 13m 정도는 최근에 보수하였다. 기존의 자연 암반을 연결해 쌓았으며 높이는 120㎝ 정도이다.

일제의 왜곡된 역사 기록

주흘관 내부에 '조령 편람'이라는 편액이 걸려 있었다. 여기에 문경새재와 관련한 여러 가지 기록을 언급해 놓았는데, 일본 연호로 원귀 3년(元龜 3年)에 설진하여 별장·장교·진리·지인·진노 등 성을 지키는 군관 570명을 배치하였고, 부근 5읍으로 조령진을 삼았으며, 군량 창고가 있다는 기록이 보인다. 원귀 3년은 선조 5년(1572)으로, 임진왜란이 일어나기 20년 전이다. 이 기록에 의하면, 이미 그때 이 곳에 군사들이 배치되었고 방어를 하고 있었다는 뜻이 된다. 그럼에도 불구하고 임진왜란 때 이 요새를 방어하지 못한 조선을 조롱하고 그들의 전공을 은근 슬쩍 자랑하고 있는 것이다.

'조령 편람', 이 편액의 제작 시기는 1927년으로 일제 강점기였다. 일제의 역사 왜곡이 어느 정도인가를 보여 주는 살아 있는 증거물인 셈이다. 편액의 끝에는 '정규원'이라는 한국인 군수의 이름이 당당히 들어가 있다. 아이러니가 아닐 수 없다. 현재, 옛길박물관 수장고에 옮겨 놓고 일제의 역사 왜곡 자료로 활용할 계획이다.

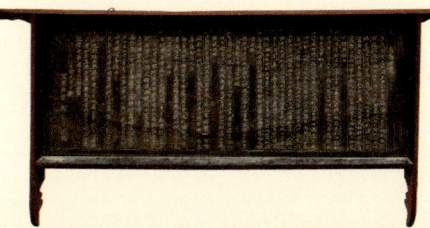

제1관문(주흘관)에 걸려 있던
'조령 편람' ⓒ 옛길박물관

병자호란과 제1관문, 제3관문

제3관문(조령관)의 설경

『현종실록』 14년(1673) 2월조에는 "조령은 험조하여 적을 막을 만한 곳이니 마땅히 영진을 설치하여 산성을 쌓고 남한산성에 소속된 충주군 390여 명을 분급하여 지키게 한다면 위급한 일이 있을 때 크게 도움이 될 것입니다."라는 수어사 이완의 건의가 있었다.

　문경새재에 있는 관방 유적은 조선이 겪었던 두 전쟁, 임진왜란과 병자호란의 결과물이다. 성을 쌓는 일은 비용과 공력이 많이 들었으며 개중에는 지금의 부실 공사와 같이 엉터리 공사도 있었다. 성을 쌓게 되면 이 내부에 사찰을 유치하고 주민들을 살게 하여 유사시 병력으로 활용하는 방안도 제기되었다. 다시 편안한 시절이 오면 빈 성곽이 되기도 하고, 다시 관심을 가지게 되면서 증개축을 거듭한 것으로 보인다. 제1관문 주흘관(主屹關)은 '동성문(東城門)', '초곡성(草谷城)', '하성(下城)', '하성문(下城門)'으로 불리었다. 제3관문 조령관(鳥嶺關)은 '조령문(鳥嶺門)', '조령성(鳥嶺城)', '상성문(上城門)'으로 기록된 모습이 보인다.

　『조선왕조실록』에는 문경새재에 관방을 추가로 설치하자는 의견이 자주 등장한다. 『인조실록』 16년(1638) 2월조에는 "비변사에서 조령 등 남쪽 관방 요충지를 방어할 계획을 논의하였다."라는 기록이 보이고, 『현종실록』 14년(1673) 2월조에는 "조령은 험조하여 적을 막을 만한 곳이니 마땅히 영진을 설치하여 산성을 쌓고 남한산성에 소속된 충주군 390여 명을 분급하여 지키게 한다면 위급한 일이 있을 때 크게 도움이 될 것입니다."라는 수어사 이완의 건의가 있었다. 『숙종실록』 10년(1684) 8월조에는 고부에 사는 무인 김남두가 '조령과 팔량치에 산성을 증축하자'는 의견을 개진하였다. 이후 『조선왕조실록』에는 많은 기록들이 보인다. 그 중에서 주요한 몇 가지 기사를 발췌하여 제시한다.

1900년대 초반 제1관문(주흘관)의 수구 ⓒ 문경시

오횡묵(吳宖默)은 평민 출신 문인들의 모임인 '칠송정시사(七松亭詩社)'의 시인으로, 기록광이다. 1894년 지리서 『여재촬요(與載撮要)』를 지었다. 저서에 정선, 함안, 고성, 지도, 자인 등에 고을 수령으로 나아가 『총쇄록』을 남겼다. 그는 자인 현감으로 부임하면서 문경새재를 넘었는데, 관문의 이름들을 상세히 기록해 놓았다.

구 분	안쪽의 편액		바깥쪽의 편액	
상문(上門)	내현판(內懸板)	鎭南門	외액(外額)	鳥嶺關
중문(中門)	내액(內額)	主西門	외호(外號)	鳥東門
하문(下門)	내서(內書)	嶺南第一關	외호(外號)	主屹關

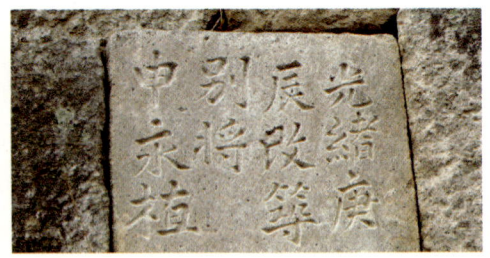

제1관문의 증개축 기록들

무관 최숙이 조령과 죽령의 형세를 자세히 논하고 청하기를 문경·풍기 두 고을의 군병을 각기 그 곳의 영장에게 예속시키지 말고 별도로 독립된 진을 설치하게 하고, 문경의 군병은 오로지 조령만 지키고 풍기의 군병은 오로지 죽령만 지키게 하여 전란이 있을 때 방어하는 계책을 삼도록 하소서.

－『숙종실록』 12년(1686) 4월조

이만형이 상소하여 조령에 성을 쌓자고 청하기를 "신원에서 석문까지 약 10여 리인데, 아주 험준하므로 남북을 막아 쌓으면 10만 사람을 수용할 만한데, 도적이 오면 군사를 데리고 들어가서 지키고, 도적이 물러가면 군사를 흩어서 밭을 갈아 곡식을 심어 병양을 저장하여 험한 곳을 막고 요새를 지키는 계책을 삼으소서."

－『숙종실록』 29년(1703) 4월조

이인엽이 여러 차례 건의하자, "다음해 봄에 조령을 비롯해 추풍령, 팔량치, 운봉 등에 차례로 축성할 것을 윤허하다."

－『숙종실록』 34년(1708) 11월조

조령 산성에 이것을 주관하는 별장을 설치하도록 하고, …비변사에서는 경상도 안에 있는 무관으로 일찍이 관직을 지낸 자를 별장으로 뽑아 보내도록 청하였다.

－『숙종실록』 37년(1711) 2월조

근년에 조령에 성을 쌓는 일이 견고하고 치밀하지 않고 수마석과 조각난 작은 잡석으로 쌓았기 때문에 장맛비를 맞아 손상되고 터지는 곳이 많아 몇 해를 지나 무너진 것이 절반이 넘습니다. 일을 관장한 문경 현감 이중창과 감영 비장 손명대에게 상 준 것을 거두고 죄를 줘야 마땅합니다.

－『숙종실록』 38년(1712) 5월조

정리하자면, 병자호란 직후인 1638년에서 1708년까지 문경새재에 성을 증축하자는 상소문 등의 의견이 나왔고, 1710년의 기사를 보면 그 이전에 이미 성이 완성되었음을 알 수 있다. 지금의 제1관문과 제3관문이 이때에 완성된 것으로 보인다. 이후에도 증개축을 거듭한 사실이 보인다. 『여지도서』에 조령산성과 관련한 기록이 잘 정리되어 있다.

숙종 무자년(1708)에 성을 쌓았다. 남북 18리에 주변 둘레는 1만 8천5백9보이다. 성은 세 곳에 있으니 하나는 조령의 마루인 영남과 호서의 경계에 있다. 다른 하나는 응암 북쪽 1리에 있는데, 신충원이 쌓은 옛 성을 고쳐 쌓은 것으로 중성이라 한다. 하나는 초곡에 있으며 관아에서 12리 거리인데, 군량 창고가 있다. 세 성 모두 홍예문을 두어 대로와 통하는데 영성은 조령관, 중성은 조동문, 초곡성의 것을 주흘관이라고 한다. 수구에도 홍예 3칸을 설치하니 성 안의 모든 개울물이 모두 이 곳을 통해 흘러나간다.

－『여지도서』 「문경현 성지조」

제1관문의 규모

돌로 축조한 홍예문 위에 문루가 있다. 문루 아래는 잘 다듬은 입방체형 돌로 바른층 쌓기를 하고 그 중앙부에 높이 3.6m, 너비 3.4m, 길이 5.4m의 홍예문을 두었다. 이때 석재들은 높이를 50㎝ 내외로 거의 일정하게 다듬어 8단으로 축조하였으며 길이는 일정하지는 않으나 좌우로 이어지는 평지성의 석재들에 비해 긴 편이다. 문루의 규모는 정면 3칸, 측면 2칸이고 지붕은 팔작 기와지붕이다. 좌우에 협문이 1개씩 있다. 문루 앞쪽에는 '주흘관(主屹關)', 뒤쪽에는 '영남 제1관(嶺南第一關)'이란 현판이 걸려 있다.

문루와 연결되는 좌우의 평지성도 바른층 쌓기를 하였다. 문루 옆 동쪽 110m와 서쪽 44m 정도는 문루 아래에 사용된 석재와 같이 매끈하게 다듬은 커다란 입방체형 돌로 쌓았고, 그 나머지 동쪽 80m 정도는 앞의 석재에 비해 규모도 작으면서 울퉁불퉁하게 다듬은 것을 사용하였다. 마지막 단 위에는 눈썹처럼 돌출되는 미석을 배치하고 그 위에는 크기가 일정치 않은 자연석으로 높이 70㎝ 정도를 쌓고 여장을 배치하였다. 성벽 안쪽은 계단식으로 처리하였다. 문루 양쪽으로는 수구를 설치하

제1관문(주흘관)의 모습

여 성내를 통과한 개울물이 흐르게 하였다.

문루와 평지성이 위치한 곳은 좌우에서 이어지던 능선들이 소멸되면서 형성된 비교적 넓은 협곡이다. 산성은 이들 좌우 능선을 따라 축조되어 있는데, 각각의 위치한 방향에 따라 동벽과 서벽으로 구분할 수 있다. 동벽은 서쪽으로 이어지는 주흘산 줄기 가운데 주흘관 쪽으로 뻗어 내리는 능선을 따라 축조되어 있다. 성벽의 길이는 약 780m 정도이고 모두 석축이다. 성벽의 종점 이후는 산세가 험하고 경사가 급해서 사람들의 접근이 쉽지 않다. 서벽은 동쪽으로 이어지는 조령산 줄기 가운데 주흘관 쪽으로 뻗어 내리는 능선을 따라 축조되어 있다. 성벽의 길이는 1320m 정도이고 모두 석성이다. 1·2·3관문 좌우에 축조된 산성 가운데 길이가 가장 길다. 성벽의 시점 부분은 1관문 서쪽 수구문 건너에 높이 솟아 있는 절벽 위이고, 종점은 해발 545m를 전후하는 지점이다. 종점 이후는 산세가 험하고 좌우의 경사가 급해서 바깥에서 사람들이 접근하기가 쉽지 않다. 산성 시점에서 약 870m 정도 되는 곳에 우물터가 있다. 우물의 형태는 원형이고, 크기는 지름 160cm, 깊이 140cm 정도이다.

제3관문의 규모

북쪽의 적을 막기 위해 쌓은 것으로, 새재 정상 마안부에 위치한다. '영성', '조령관', '영남 제3관'이라고도 한다. 문루는 돌로 축조한 홍예문 위에 있다. 문루 아래는 잘 다듬은 입방체형 돌로 바른층 쌓기를 하고 그 중앙부에 높이 3.9m, 너비 3.1m, 길이 6.2m의 홍예문을 배치하였다. 문루는 정면 3칸, 측면 2칸의 팔작지붕 목조 기와집이며 좌우에 협문이 1개씩 있다. 문루 앞쪽에는 '조령관(鳥嶺關)', 뒤쪽에는 '영남 제3관(嶺南第三關)'이란 현판이 걸려 있다. 문루와 연결되는 평지성도 바른층 쌓기를 하였으나 석재들이 문루의 것에 비해 작고 거친 편이다. 성곽의 상부에는 미석을 배치하고 그 위에 여장을 두었다. 평지성의 규모는 높이 2~3m, 너비

제3관문(조령관)의 모습

3m, 길이 185m 정도이다.

제3관문의 산성은 이들 좌우의 능선을 따라 축조되어 있는데, 각각의 방향에 따라 '남벽', '북벽'이라 명명할 수 있다. 남벽은 성벽의 길이가 620m 정도이고, 모두 석축이다. 북벽은 조령관에서 마패봉으로 올라가는 능선에 축조되어 있다. 길이는 360m 정도이고, 현재 성벽 통과선의 대부분은 충청북도 괴산군과 경상북도 문경시의 경계이다.

부대 시설로는 북암문과 동암문이 있다. 북암문의 규모는 길이 14m, 너비 4m, 외벽 높이 60㎝, 내벽 높이 40㎝, 출입문 폭 50㎝ 정도로 다른 성벽에 비해 너비는 넓으나 높이는 낮은 편이다. 북암문을 중심으로 능선을 따라 동쪽에 180m, 서쪽에 160m 정도의 산성이 축조되어 있다. 동암문은 북암문에 비해 좌우의 계곡이 넓은 편이다. 동암문의 규모는 길이 17m, 너비 4m, 외벽 높이 70㎝, 내벽 높이 50㎝, 출입문 폭 50㎝ 정도로 북암문의 것과 비슷하다. 동암문에는 배수구도 함께 있는데, 배수구 위에는 길이 400~600㎝를 전후하는 장방형의 석재 3개가 얹혀 있다. 암문을 중심으로 능선을 따라 남쪽에 430m, 북쪽에 310m 정도의 산성이 축조되어 있다.

문경에 머물면서 다양한 시서화를 남긴 문장가 옥소 권섭(權燮, 1671~1759)은 '조령산성 수축 제문'을 이렇게 지었다.

엎드려 살피건대, 주흘산은 새재를 품에 안고 넓게 자리 잡아 우뚝하여 남북을 나누는 경계가 되고, 한 나라의 요새가 되었으니 산성을 치밀하게 쌓는 계획은 급하게 서둘러 대충할 수 없는 일이다. 생각건대, 이같이 작은 돌로 쌓은 것은 전례를 따라 처음으로 세웠지만 매양 작은 폭우라도 지나간 뒤엔 서쪽은 갈라지고 동쪽은 무너졌었다. 스스로 작은 직분에도 불초했으나 외람되이 지키는 임무를 맡았으니 그때그때 보수하고 고치는 일은 상관의 뜻에 따라 진력하였다. 몹시 기울고 험한 곳에 돌과 바위로 겹겹이 쌓아 엄연히 일대의 요새가 되었으니 큰 돌을 옮기고 두드리고 갈아서 정치하고 우뚝하게 쌓았다. 모두 옛터를 따라 고치고 쌓았으나 감히 마음대로 주장하진 못한다. 일이 크고도 중대하여 감히 경건하게 아뢰노니, 신령님 강림하사 은혜를 베푸소서. 이에 술과 희생을 차려 참되고 바르게 합니다.

조령진의 설치, 산성의 운영

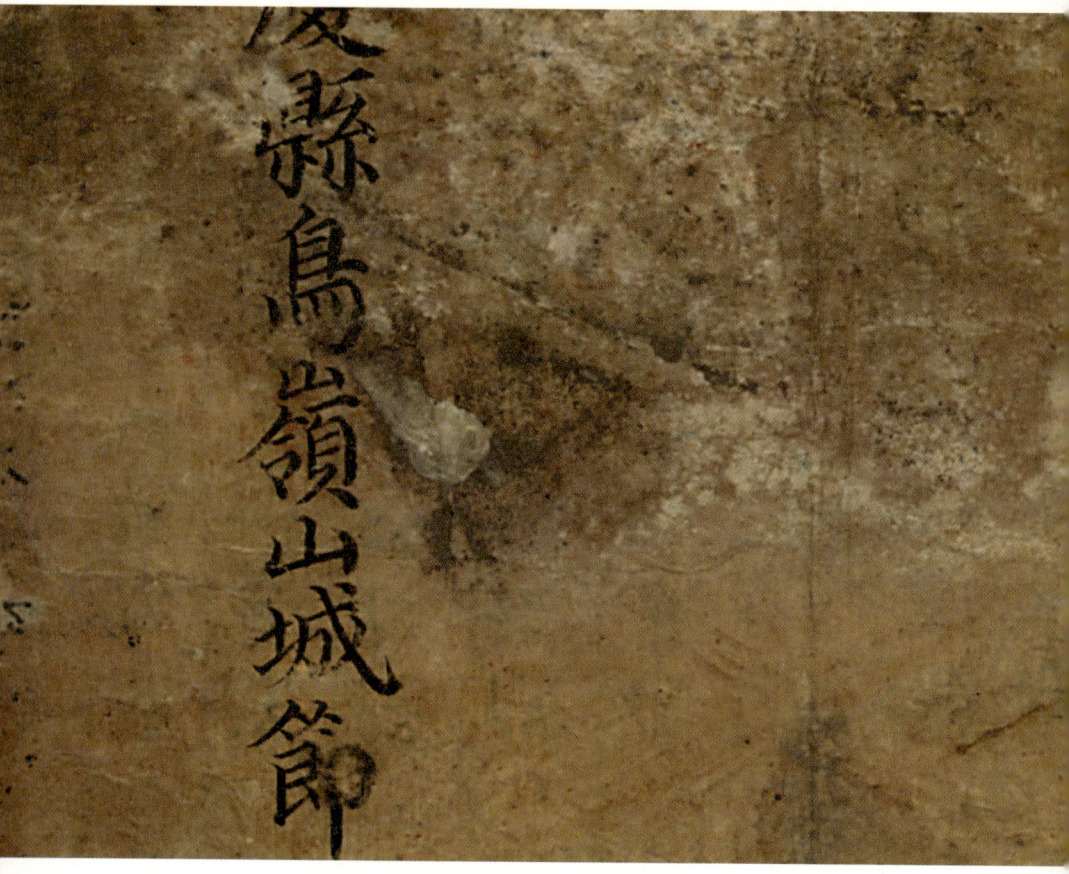

조령산성에 진(鎭)이 설치된 것은 1711년(숙종 37년) 이후로 파악된다. 조선 후기의 지방 행정과 군사 편제는 조선 전기의 진관제도(鎭管制度)에서 변화된 것이었다.

　진(鎭)은 군사상 필요에 의해 설치된 일종의 행정 구획으로, 산성의 운영과 관련되는 것이다. 차용걸 교수는 일련의 「조령 관방 시설의 연구」를 통해 이러한 내용들을 자세히 정리해 놓았다.

　조령산성에 진(鎭)이 설치된 것은 1711년(숙종 37년) 이후로 파악된다. 조선 후기의 지방 행정과 군사 편제는 조선 전기의 진관제도(鎭管制度)에서 변화된 것이었다. 이후 영장제도(營將制度) 아래에서 조령진은 병영에 속하지 않은 이른바 독진(獨鎭)으로 존재하였는데, 독진은 모두 산성을 기본으로 하였고 운영 책임자는 진장(鎭將)이었다. 이와 같이 산성제도의 운영은 군사제도의 개편과 밀접한 연관성을 띤다.

　경상도에는 6산성이 있었는데, 남쪽의 금정진 금정산성에서 가장 북쪽인 조령진 조령산성에 가장 중요한 위치마다 대규모의 산성을 운영하였다. 『속대전』에 의하면 조령산성에 무관 외직 종9품의 별장을 두는 것으로 법전에 정해져 있었다. 그러나 1830년경의 『경상도읍지』 문경현 기록에 의하면 조령산성에는 무관 4품의 '조령진 별장'을 두었으며, 그 휘하에 장교 4명, 진리 5명, 지인 3명, 노비 9명이 있었다.

　조령진은 별장 1명과 5개 고을의 성을 지키는 군사 550명이 배속되어 운영되었다. 또 같은 기록에서 문경 현감은 음관 6품으로 '겸수성장(兼守城將)'이라고 하였고, 영조 28년(1752)에 독진이 되었다고 기록되어 있다.

『경상도 문경현 조령산성 절목성책』

1749년(영조 25년) 정월에 경상도 문경현 조령에 있는 산성에 수성장을 두면서 그 산성의 수성군 등에 관한 규정을 만든 절목 13조를 책으로 엮어 놓은 『경상도 문경현 조령산성 절목성책』이 규장각에 있다. 각 조목의 내용을 요약 정리하면 다음과 같다.

- 수성군의 편성과 훈련 : 수성장을 두고 문경현 속오군 4초를 전속시키지만, 이들로는 삼중의 성을 지키기에 부족하다. 문경현의 병역 의무자를 산성 작대군으로 이름하여 속오군과 같이 편성한다. 문경을 수성 독진으로 하여 춘추 조련은 우병사가 주관한다.
- 성내 거주민의 편제 : 이 곳은 한양과 통하는 행인이 끊이지 않는 곳이다. 이 곳에 사는 사람들은 손님을 치러 생계를 유지하는 상민(商民)들이다. 집집마다 부과하던 부역을 감하고 군대를 편성하여 포 쏘는 것을 익혀 비상시 별장의 병졸로 삼는다.
- 성내 사찰 승려의 편제 : 성내에 있는 혜국사(惠國寺)와 용화사(龍華寺)에 거주하

는 승려가 40~50명이나 된다. 방비가 급할 때 대오를 편성하기에 충분하니 승역(僧役)에 관계된 일은 일체 덜어 감소시키고, 대오(隊伍)로 묶어 편성해 활쏘기를 연습하게 한다.

• 장 담그는 일 : 산창에 이미 군량미가 있으니 염장(鹽醬)이 없을 수 없기 때문에 별도로 장 담글 메주콩(沈醬)이 20석이 있어야 한다. 매년 산성의 이자로 받을 콩(耗太) 10석씩을 덜어 내어 메주를 쑤고, 이자로 받은 쌀(耗米)을 소금과 바꾸어 장(醬)을 담으며 50석(石)을 한정(限)으로 한다. 매년 절반씩을 성 안에 사는 주민들에게 나누어 주고 그들로 하여금 새 곡식과 바꾸어 들인다.

• 산불을 내거나 나무 베는 일을 금지하는 일 : 성내의 금화(禁火), 금벌(禁伐) 등의 일은 별장이 전담하여 행한다. 성내의 거주민과 두 절의 승려들로 하여금 힘을 합쳐 금지하게 한다. 범죄자는 현장에서 체포한 후 별장이 직접 법에 따라 다스리고, 큰 죄를 지은 자는 수성장에 보고하여 감영에서 엄한 형벌을 내린다.

• 산성을 지키는 군관 : 산성에 속한 다섯 고을(상주, 함창, 용궁, 예천, 문경)에 있는 군관 300여 명은 유사시 힘이 된다. 해당 고을에 알려서 잡역을 면제해 주고 군대를 편성하여 활쏘기를 연습하게 하며, 봄 · 가을 조련 때에 궁술 시험을 보아 상을 주거나 벌을 준다.

• 순영전(巡營錢) : 순영전 1천 냥은 문경현에 두고 일정한 방식에 따라 이자를 거두게 하고, 감영에서 맡아 관리한다.

• 산성의 보수 : 성첩이 무너지고 파손된 곳은 별장이 살핀다. 작은 규모는 성 안의 거주민들로 하여금 올라갔을 때 수리하게 한다. 규모가 크면 수성장에게 보고하여 그 원인을 살핀 후에 감영(監營)에 보고해서 수축한다.

• 수성장과 별장 : 현감이 수성장을 겸하므로 별장이 중군(中軍)을 겸직하게 한다.

• 별장과 하인 : 별장이 거느리는 사람은 모두 성내 주막(酒幕)에서 생계를 꾸리는 사람들로, 보호하지 않으면 흩어진다. 각 읍의 예에 따라 공사천(公私賤) 노비 중에

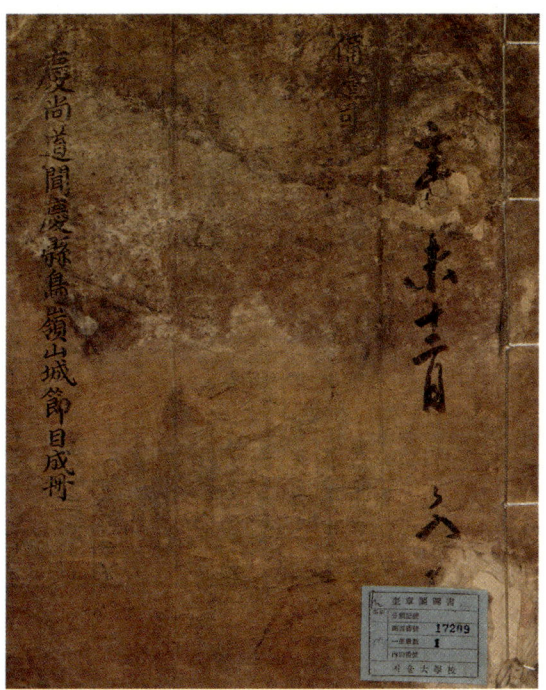

『경상도 문경현 조령산성 절목성책』, 조령진 운영의 각종 규정이
기록되어 있다. ⓒ 규장각

역(役)이 없는 자 각 2명씩을 별장의 보인(保人)으로 삼도록 수성장이 주관한다.

- 군량미 : 본성 산창(山倉)의 군량미는 1만여 석에 달한다. 이와 관련하여 오로지
  각 읍의 감색(監色)만 이를 담당하고, 별장(別將)이 간섭하지 못하게 하는 것은 산
  성을 축조하고 별장을 두는 본래의 뜻이 아니다. 지금부터는 별장이 담당하고 각
  읍의 아전이 합동하여 수봉(收捧)한다.

- 가마꾼 차출의 폐단 : 본성은 대로(大路)에 위치해서 대소 관리들이 왕래할 때 거
  주민이 가마꾼으로 차출되는 것이 큰 폐단이었다. 전에 어사가 아뢰어서 금지하
  였으나 시일이 오래되니 해이하여졌다. 지금부터 가마를 탄 중앙의 관원 외에는
  가마꾼을 차출하는 일을 특별히 금지한다.

- 미진한 조건은 추후 마련한다.

조령산성과 어류산성

조령산성은 산성 그 자체로서 조선 후기에 유행한 내성과 외성을 가진 중곽(重郭) 구조의 산성이다. 전통 시대에 한강과 낙동강을 잇는 최대의 교통로였던 이 지역에서 교통로의 변화는 성곽의 축성과 운영에 많은 영향을 주었다. 문경시 관음리에서 하늘재를 넘어 충주시 미륵리를 거쳐 월악산 서쪽의 송계계곡을 이용하는 교통로가 사용된 고려 시대에는 '덕주산성'이 이 지역 최대의 산성이었다. 그러나 조선 시대 초기에 문경새재가 개척되면서 그 역할은 조령산성으로 이관되었다. 최대의 교통로에 산성을 운영하고 동시에 관문으로 삼는 산성이 축조 운영되었던 것이다.

관방 시설과 관련하여 문경새재를 이야기할 때에는 조령산성과 더불어 어류산성(御留山城)이 등장한다. 『조선왕조실록』, 『대동지지』, 『증보문헌비고』, 『문경현지』 등의 문헌에 여러 차례 보인다. 옛 지도인 『비변사인방안지도』 문경지도 등에는 '조령산성'과 더불어 '어류동(御留洞)', '어류전구지(御留殿舊址)' 등이 표기되어 있다.

어류산성의 위치는 차용걸 교수가 밝혔듯이 '조령~마패봉~북암문~동암문~부봉'으로 이어지는 현재의 동화원 골짜기 일대를 가리키는 것으로 보인다. 이 구간은 백두대간과 일치하는 구간이다. 북암문은 충주 미륵리 쪽으로 연결되고, 동암문은 탄항봉수와 하늘재 쪽으로 이어지는 산길이 있다.

어류산성의 축성 시기와 관련해서 『문경현지』 등 문경 지역의 지리지에는 고려 태조가 견훤을 칠 때 축성하였고 다시 공민왕이 홍건적의 난을 피해 머물렀던 궁실 터가 남아 있는 곳으로 '어류동'을 언급하고 있다. 현재에도 '대궐터'라고 하여 혜국사와 함께 공민왕의 몽진처였다는 전설이 전해 내려오고 있다. 현재 대궐터로 불리는 곳은 혜국사 동쪽 주흘산 정상으로 오르는 등산로에 위치하고 있는데, 지형상으로 한두 채의 작은 건물지만 확인될 뿐이다. 따라서 문헌에서 확인되는 어류산성의 지형과는 서로 어울리지 않는다.

최근에 조사된 『문경새재 지표 조사 보고서』에 의하면 북암문과 동암문의 축성

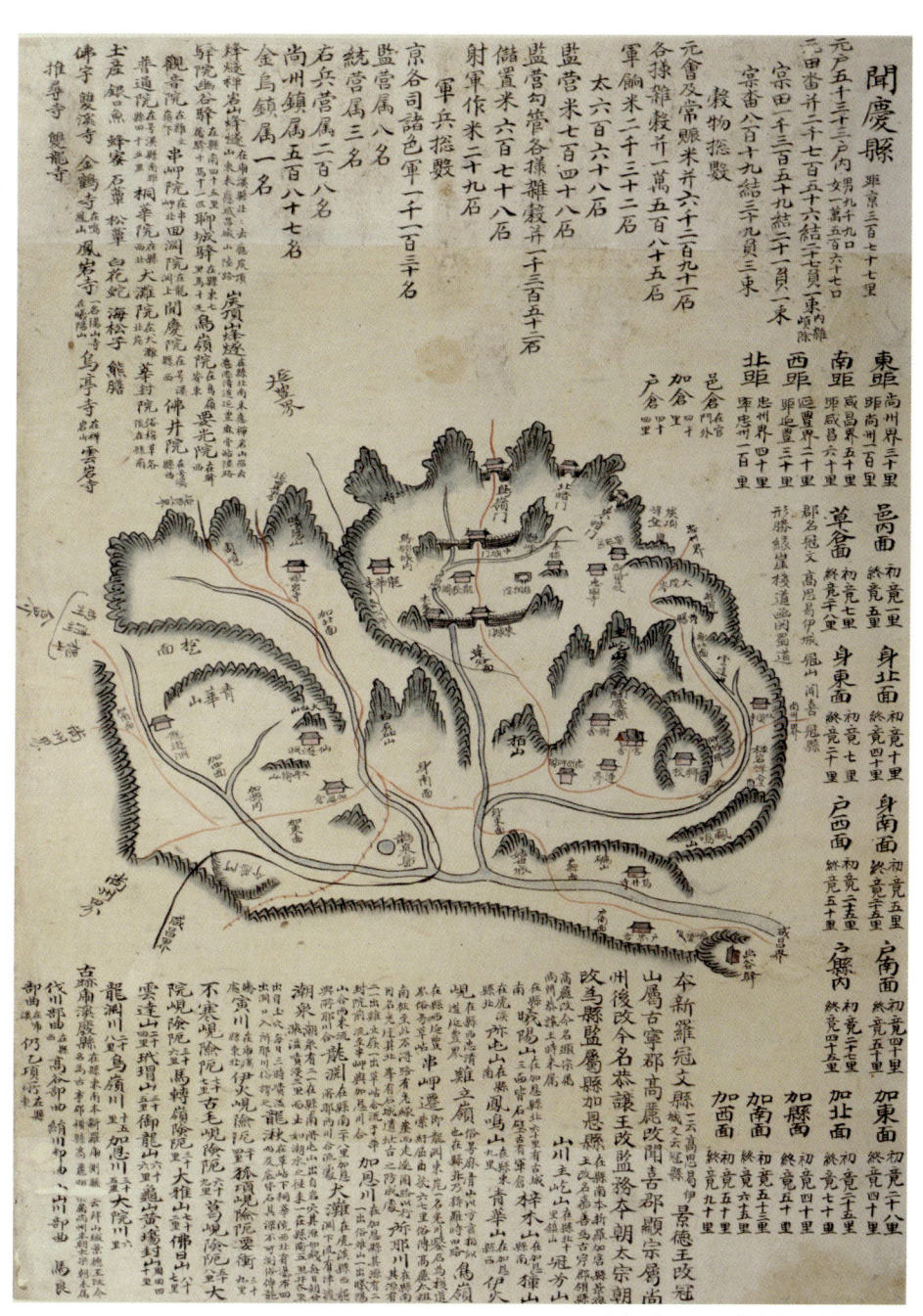

聞慶縣

조령산성 동암문. 동암문은 탄항봉수와 통한다. ⓒ 문경시

조령산성 북암문. 암문은 일종의 비상통로이다. ⓒ 문경시

방식이 제3관문인 '조령관'과 같은 것으로 파악되어 고려 시대의 성으로 보기에는 무리가 따른다.『조선왕조실록』 등에는 어류산성이 병자호란 직후인 인조 때에 많이 언급되고 있다. 이경여의 상소에서 남한산성과 비교하는 모습 등을 살펴볼 때, 인조의 남한산성 파천과 연관성이 있는 것으로 보인다. 당시 문경새재 주변의 관방시설은 임진왜란 때 쌓은 중성이 유일하였다. 유추컨대, 남한산성과 같이 임금이 머물 만한 피난처로서 어류산성이 대두된 듯하다. 그래서 명칭 또한 '어류(御留)'라는 용어가 사용된 것이다. 이후, 조령진이 운영되면서 '조령산성'이라는 명칭이 일반적인 이름으로 자리잡은 것으로 보인다.

조령관(제3관문)

산불됴심비 산불 내는 일과 나무 베는 일을 금지하라

문경새재에는 많은 비석이 있다. 신길원 현감 충렬비와 스무 개 남짓한 선정비와 송덕비 등을 비롯하여 현대에 세운 각종 기념비들이 그것이다. 어느 것 하나 의미 없는 비석이 있겠는가마는 '산불됴심비'만큼 소중하고 아름다운 비석도 없는 듯하다.

　문경새재에는 많은 비석이 있다. 신길원 현감 충렬비와 스무 개 남짓한 선정비와 송덕비 등을 비롯하여 현대에 세운 각종 기념비들이 그것이다. 어느 것 하나 의미 없는 비석이 있겠는가마는 '산불됴심비'만큼 소중하고 아름다운 비석도 없는 듯하다. 투박하게 새겨진 글자, 순수 한글을 사용한 민중들에 대한 배려, 다듬지 않은 자연석 등 볼수록 정감이 간다. 현재 경상북도 문화재 자료 제226호로 지정되어 있다.

　문경새재 제2관문 부근에 자리잡고 있는 이 비석은 높이 157cm, 폭 75cm 정도 크기로 화강암에 음각으로 '산불됴심'이라고 세로로 새겨져 있으며, 전체적인 모양은 원추형에 가깝다. 오랜 세월을 말해 주듯 마른 이끼가 덮여 있다. 연대는 확실치 않으나 조선 후기에 세워진 것으로 추정된다. 수많은 나그네들이 오가는 영남대로 상에 세워 산불조심의 경각심을 일깨워 주고 있다. '됴심'은 '조심'의 옛말이다. 마치 '조석(朝夕)'과 '좋다'의 옛말이 '됴셕'과 '됴타'인 것과 마찬가지다.

　한글이 창제된 지 오래되었지만, 조선 시대 한글로 비문이 만들어진 경우는 매우 드물다. 건립 시기를 정확히 알 수 있는 한글 비석은 서울 노원구에 있는 '한글 영비(靈碑)'가 유일하다. 1536년에 세워진 이 비석은 보물 1524호로 지정되어 있다. 이 비에는 비석의 왼쪽에 한글이 새겨져 있는데, "신령한 비라 쓰러뜨리는 사람은 재화를 입으리라. 이를 글 모르는 사람에게 알리노라."는 내용이다. 비석을 세운 이는 이문건(1494~1567)으로, 비석의 훼손을 방지하기 위해 경고문을 한글로 새겨 놓았

순수 한글로 새긴 산불됴심비

다고 한다. 또 다른 한글 비석은 경기도 포천에 있는 인흥군 이영(1604~1651)의 묘역
에 있다. 이 비석에는 "이 비가 지극히 영험하니 어떠한 생각으로라도 사람들이 거
만스럽게 낮추어 보지 말라." 는 경고문이 새겨져 있다. 이 밖에는 경남 진주의 비봉
산 자락 의곡사 입구에 있는 비석과 일본 치바현 다테야마시에 위치한 사찰에 한글
로 '나무아미타불' 이 새겨져 있는 비석이 전부라고 한다.

　임업 연구원 배재수 선생에 의하면, 조선 후기 문경새재 일대가 국방상의 요로(要
路)가 되면서 이른바 '조령봉산(鳥嶺封山)' 이 만들어졌다고 한다. 조령봉산은 일반적
인 봉산과는 다른 관방용 봉산으로 특별한 취급을 받았다. 그 증거물로서 현재 청주
대학교 박물관에 소장되어 있는 봉산 표석이 있다. 이 표석은 원래 충주시 수안보면
미륵리에서 발견된 것이다. 조령봉산은 남쪽으로는 고모산성에서부터 북쪽으로는
미륵리에 이르는 지역이다. 이 조령봉산의 경계 표지석이 바로 미륵리에서 발견된
것이라고 한다. 이때에 산불됴심비는 봉산 표석으로서의 기능도 담당하였다.

　규장각에 소장되어 있는 『경상도 문경현 조령산성 절목 성책』을 살펴보면,

동로면 명전리에 있는 황장산 봉산 표석 ⓒ 엄원식

　성내에서는 산불을 내는 일을 금지하고(禁火), 나무를 벌목하는 일을 금지하는 (禁伐) 등의 일은 별장이 전담하여 거행하고 성내의 거주민과 두 절의 승려들로 하여금 힘을 합쳐 금지하게 하되, 범죄자는 현장에서 체포한 후 작은 죄를 지은 자는 별장이 직접 법에 따라 다스리고, 큰 죄를 지은 자는 수성장에게 보고하고, 수성장은 다시 감영에 보고하여 엄한 형벌을 내리거나 유배케 한다.

라는 기록이 있다. 문경새재 내에서 함부로 산불을 내어 화전을 일구는 일과 나무를 베는 일은 엄히 다스렸다. 또 1905년 일본인에 의해 작성된 「남한산림시찰복명서」에는 "조령은 예로부터 국방상의 금벌림(禁伐林)으로서 산록에는 석표가 있는데, 봉산(封山) 두 글자를 새긴 것"이라는 기록도 있다. 산불됴심비가 왜 이 곳에 자리잡고 있는지를 알 수 있는 기록들이다. 생물 다양성을 말하기 전에, 또 천연기념물로 지정된 장수하늘소를 말하기 전에 한 마리 사슴벌레를 위해서라도 정말 '됴심' 할 일이다.

봉산(封山)

'봉산(封山)'은 나라에서 나무 베는 것을 금지하던 산을 말한다. 왕실에서 궁궐 등 건축물에 쓰기 위해 나무를 보호하고자 산에 들어가지 못하게 한 것이다. 일종의 보호림인 셈이다. 주로 소나무가 많은 산이 여기에 해당되지만 용도에 따라 밤나무, 향나무, 참나무 등이 많은 산도 봉산으로 지정되었다. 흔히, '황장(黃腸)'이라는 뜻은 소나무 중에서도 나무의 속 심재가 누른 색을 띤, 재질이 단단하고 좋은 목재였기에 이를 일컫는 말이다. 조정에서는 주로 이 황장목으로 왕실에 필요한 관을 만들었고, 황장목의 확보를 위해 특정한 산을 황장봉산으로 지정해 엄격히 관리했으며, 일반인의 출입을 막으려고 경계 표식(境界標式)을 세웠는데, 이것이 바로 황장 금표이다.

문경에도 바로 이러한 역사를 간직한 봉산 표석이 있다. 경상북도 문화재 자료 제227호로 지정된 황장산 봉산 표석이 그것이다. 동로면 명전리에 위치하고 있다. 당시 동로면은 예천군에 속한 지역으로 『여지도서』 「예천군조」와 『만기요람』에 등장하는 작성산 황산봉산이 바로 동로면의 봉산 표석이라고 할 수 있다. 한편, 『여지도서』 「문경현조」에 "황장봉산은 대미산(黛眉山) 아래에 있으며 주위로 둘레 10리"라는 기록과 1871년에 만들어진 『문경현지』에 "황장봉산—강희 경신 6년(1680)에 봉하기 시작했다."는 기록이 있다. 이 기록들에 의하면 문경의 봉산은 현재 표석이나 금표가 발견되지는 않았지만 동로면에 있는 작성산 황장봉산과는 다른 봉산이 있었던 것으로도 추정할 수 있다. 아마도 옛 지도에 등장하는 '구산황장봉산(龜山黃腸封山)'이 그것이라고 할 수 있다.

신길원 현감 이야기

시퍼런 칼날 아래 빛난 절개

문경새재 소나무

임진왜란 당시 고니시 유끼나가가 상주를 거쳐 문경을 침공하자 현감은 피신하지 않고 문경을 사수하였다. 그러나 중과부적으로 왜적에게 잡히고 말았다. 하지만 현감은 항복을 거절하고 관인도 주지 않았다.

신길원은 사헌부(司憲府) 지평(持平)을 지낸 신국량의 아들로, 45세에 벼슬길에 올라 선조 23년 경인년(1590)에 문경 현감으로 도임하였다. 임진년(1592) 4월 27일, 신길원은 문경을 사수하다가 순국하였다. 임진왜란 때 지방관으로 순국한 이가 많지 않았기에 나라에서는 좌승지(左承旨)에 증직(贈職)하여 그의 충렬을 기렸으며, 숙종 32년(1706)에 비를 세워 충절(忠節)을 표창하였다.

임진왜란 당시 고니시 유끼나가가 상주를 거쳐 문경을 침공하자 현감은 피신하지 않고 문경을 사수하였다. 그러나 중과부적으로 왜적에게 잡히고 말았다. 하지만 현감은 항복을 거절하고 관인도 주지 않았다. 왜적이 현감의 몸을 수색하자 관인을 오른손에 쥐고 주지 않으므로 적이 장검으로 목을 쳐서 순국하였다.

1706년 3월, 나라에서 비를 세워 충절을 표창하였다. 비문은 사간원 정언 채팽윤이 지었으며, 성균관 전적 남도익이 글씨를 썼다. 충렬비는 1981년 4월 25일 경상북도 유형문화재 제145호로 지정되었다. 문경새재에 위치한 신길원 현감 충렬사와 달성군 공산면의 표충사에 배향(配享)되어 있다. 『동국신속삼강행실(東國新續三綱行實)』에도 실려 있다.

충렬사는 조선 후기(1826) 당초 문경 향교 인근에 위치하고 있었으며, 당시 홍로영 현감에 의해 창건되었다. 1999년에 현 위치에 중창하였다. 충렬비의 비문을 요약하여 옮겨 보면 다음과 같다.

『동국신속삼강행실』 중 '길원항적'. 신길원 현감이 팔이 잘린 채 저항하고 있다. ⓒ규장각

縣監申吉元京都人壬辰歲守聞慶為倭賊所執賊露刃脅之曰汝
是邑守能馳馬否吉元又不屈且使指路曰我是儒者安能馳馬賊又脅之曰汝速降
署名吉元曰
口賊菁大怒斫一臂曰猶不可指路乎吉元曰無臂之人何事可為
賊寸斫之今上朝旌門

현감신길원은셔울사ᄅᆞᆷ이니임진에의문경고을ᄒᆞ원으로셔
왜적의게자펴셔도적이환도룰쌔여협박ᄒᆞ야놀오ᄃᆡ네고
원이니몰돌리기잘ᄒᆞᄂᆞᆫ다길원이글오ᄃᆡ네션비니엇디능히
ᄆᆞᆯ롤돌리오도적이ᄯᅩ협박ᄒᆞ야놀오ᄃᆡ네ᄲᆞᆯ리항ᄒᆞ고일홈
두라길원이ᄯᅩ굴티아니ᄒᆞᆫ대ᄯᅩ길ᄒᆞᆯᄀᆞᄅᆞ치라ᄒᆞᆫ대몯
ᄒᆞ노라ᄒᆞᆫ번ᄂᆞᆫ곤고손으로목을ᄀᆞᄅᆞ치며놀오ᄃᆡᄲᅣᆯ리버히라ᄒᆞ고
ᄯᅥᆨ짓기룰입의그치디아니ᄒᆞᆫ대도적의쟝슈ᄏᆡ게노ᄒᆞ야ᄒᆞᆫ
ᄭᅮᆯ흘버히고놀오ᄃᆡ길흘ᄀᆞᄅᆞ치몯ᄒᆞᆫ리오
디풀엽ᄉᆞᄅᆞᆷ이므소이룰ᄒᆞ리오도적이촌촌이뻐히다금
샹됴애정문ᄒᆞ시니라

숙종 32년(1706)에 세워진 신길원 현감 충렬비 ⓒ 김규천

　충신은 반드시 효자 집안에서 난다더니 신길원 현감의 경우가 바로 그 좋은 예이
다. 현감은 어려서 이미 효성이 지극하여 자기 손가락을 자른 피를 약에 섞어 어머
니를 연명케 하였고, 열네 살에 아버지 상을 당하여 슬피 울며 삼년상을 마치니 보
는 이가 눈물을 흘렸다. 이러한 효행이 알려져 선조(宣祖)가 효자 정문을 세우도록
명하였다.

　병자년에 사마시에 합격한 뒤 태학의 추천으로 참봉 벼슬 등을 거쳐 문경 현감이
되었다. 백성을 정성으로 다스리고 항상 성리학의 책을 읽어 규범으로 삼았다. 임
진왜란이 일어나 문경으로 왜적이 다가오자 모두 형세 불리함을 들어 피하기를 권

하였다. 그러나 현감은 소리 높여 말하되 "내가 맡은 고을이 곧 내가 죽을 곳인데 어찌 피하리오." 하고 적은 군사를 독려하였다. 적병이 이르자 달아나지 않은 사람이 없었다. 의관을 바로 하고 관인을 차고 앉아 있으니, 적병이 칼을 빼어 들고 속히 항복하여 길을 가리키라고 협박하였다. 현감은 손을 들어 목을 가리키며 "내가 너를 동강내어 죽이지 못함을 한탄하니 빨리 죽여서 나를 더럽히지 말라." 하였다. 적병이 성내어 먼저 한 팔을 자르고 계속 위협하였으나 공은 얼굴빛도 바꾸지 않은 채 꾸짖기를 멈추지 않았다. 마침내 살을 발라내는 모진 죽음을 당하였다. 이 때가 4월 27일이다. 나이는 마흔다섯이었다.

사람이란 조그마한 이해가 있어도 지킬 바를 바꾸지 않는 이가 드물거늘, 하물며 시퍼런 칼날 밑에서는 오죽했겠는가! 현감이야말로 충렬의 선비이다. 좌승지로 추증된 현감의 자는 경초(慶初)요, 본관은 평산(平山)인데, 장절공 숭겸(壯節公 崇謙)의 후예이며, 아버지는 사헌부 지평 국량(國樑)이다.

숙종 32년(1706), 전 사간원 정언 채팽윤(蔡彭胤) 짓고, 전 성균관 전적 남도익(南圖翼) 쓰다.

문경새재 아리랑

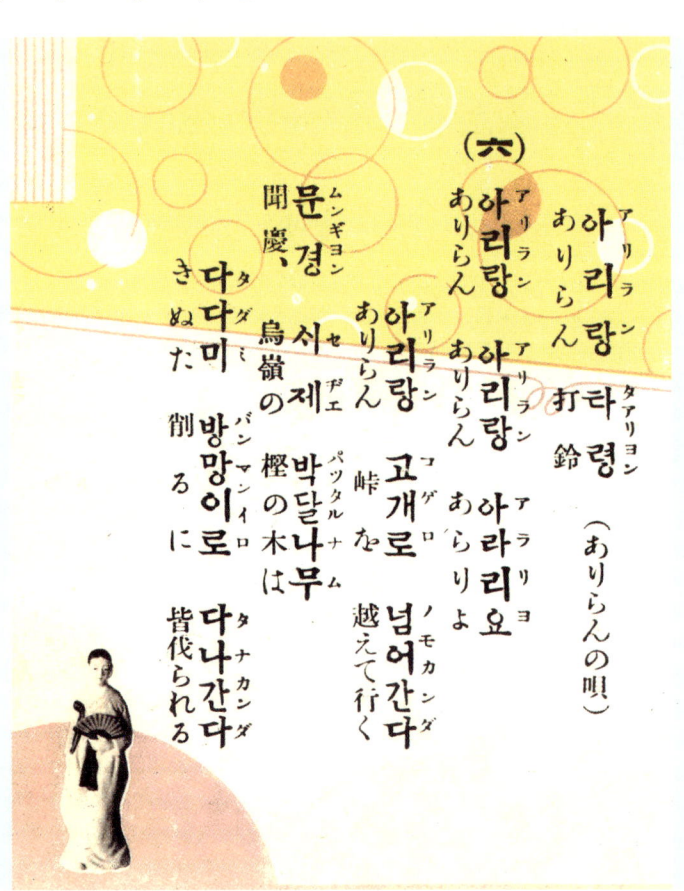

일제 강점기 때의 문경새재 아리랑 엽서 ⓒ 옛길박물관

문경새재 아리랑의 곡조는 '강원도아라리'에 가깝다. 문경은 백두대간을 중심으로 하는 생활 양식과 환경이 강원도와 비슷하다.

글쓴이는 10여 년 전부터 문경새재에서 일하게 되면서 자취생활을 한 적이 있다. 자취방 바로 앞집이 문경새재 아리랑의 주인공 송영철 어르신의 집이어서 가끔 민속 조사를 하면서 문경새재 아리랑을 들을 수 있는 행운을 누렸다. 그의 황소걸음처럼 무디고 유장한 가락의 문경새재 아리랑이다.

아리랑 아리랑 아라리요
아리랑 고개로 날 넘겨 주소

문경아 새재에 물박달나무
홍두깨 방망이로 다 나가네
홍두깨 방망이는 팔자가 좋아
큰애기 손질로 놀아나네

아리랑 아리랑 아라리요
아리랑 고개로 날 넘겨 주소

문경아 새재 고개는 왠 고갠지
구부야 구부구부가 눈물이 나네
아리랑 아리랑 아라리요
아리랑 고개로 나를 넘겨 주소

우리나라 토속 아리랑 중 대표적이라 할 수 있는 '문경새재 아리랑' 비

　아리랑이 고개의 노래인데 우리나라의 대표적인 고개인 문경새재에 아리랑이 없을 리 만무하다. 'MBC 한국민요대전 CD' 경상북도 문경시 편을 찾으면 그의 소리를 들을 수 있다. 당시 여든을 훌쩍 넘긴 연세였지만 아리랑을 부르는 목청은 우렁차기 그지없다. 문경새재에서 태어나 줄곧 살고 계셨는데, 이 문경새재 아리랑은 젊은 시절 문경새재를 넘나들며 충청도 땅에 곶감 팔러 다닐 때도 불렀고, 해방 무렵 강제 징용으로 일본에 가서 탄광 노동자 생활을 할 때도 불렀던 소리라고 하였다. 그의 삶과 아리랑이 꼭 닮아 있다는 느낌이 들었다. 문경새재 아리랑을 좀 더 보자.

　　문경 새재 쇠무푸리나무
　　말채 쇠채로 다 나가네
　　문경은 새재야 참싸리 낭구
　　곶감아 꼬지로 다 나가네

문경은 새재야 뿌억싸리는
북어야 꼬지로 다 나가네

고대광실 높은 집도 나는야 싫어
올통불통 멍석자리 얕은정 주세

송영철 어르신의 아리랑을 들어보면, 문경새재에 있는 나무란 나무는 모두 등장
하는 것 같다. 물박달나무, 쇠무푸리나무, 참싸리, 뿌억싸리 모두 다 나가 홍두깨 되
고, 말채 쇠채 되고, 곶감 꼬지 되고, 북어 꼬지 되고, ……. 어느 날 어르신이 돌아
가신 지도 모르고 다시 찾았다가 송구스러운 마음으로 돌아서기도 했다.
　문경새재 2관문을 지나 3관문을 향하다 보면 왼쪽에 근년에 세워진 '문경새재
아리랑비'가 있다. 거기에 새겨진 아리랑 사설을 보면서 지나는 사람들은 너도나도

문경새재 물박달나무.
나무의 재질이 단단해서 생활 용구로 널리 쓰인다.

물박달나무 표피

한 소절씩 읊조린다. 겨우 한 소절의 노래만 불러도 자기의 고향은 속일 수 없는 모양이다. 그들의 아리랑을 들어보면 그 사람의 고향을 알 수 있기 때문이다.

만약 경상남도 쪽에서 온 사람이면 '밀양아리랑'의 곡조에 이 사설을 붙여 노래하고, 전라도 쪽 사람이라면 '진도아리랑'의 곡조에 이 사설을, 그리고 서울 경기도쪽에서 왔다면 이른바 '영화아리랑'의 곡조에 붙여 "문경새재 물박달나무…" 하며 노래한다. 또, 오랜만에 온 나들이 길에 소주라도 한잔 걸치신 분이라면 양팔이 어깨 위로 올라가며 부르는 가락 또한 흥겹다. 아무렇게나 불러도 상관없다. 아리랑은 원래 그렇게 부르는 것이다. 제각각 부르는 이 아리랑이야말로 '아리랑' 본연의 의무에 충실하고 있기 때문이다.

미국인 헐버트(Homer Bezaleel Hulbert, 屹法, 1863~1949)는 한국의 국권 회복에 힘쓴 인물이다. 그가 1896년에 발표한 『The Korean Repository』에는 'KOREAN VOCAL MUSIC'이라는 이름으로 2수의 〈A-ra-rung〉이 채보되어 소개되었다. 아리랑이 최초로 채록된 것이다. 사설을 우리말로 옮겨 보면 다음과 같다.

아라릉 아라릉 아라리오 / 아라릉 얼사 배 띠어라

문경 새재 박달나무 / 홍두깨 방망이 다나간다

『The Korean Repository』(1896)에 실린 헐버트가 채보한 문경새재아리랑

옛길 박물관이 소장하고 있는 일제 강점기 엽서에도 문경새재 아리랑이 보인다. 널뛰기 사진과 함께 실려 있는 아리랑의 제목은 '아리랑타령'이다. "아리랑 아리랑 아라리요/ 아리랑 고개로 넘어간다/ 문경시제 박달나무/ 다다미 방망이로 다나간 다"라며 한글과 일본어가 병기되어 있다.

최근 「문경새재 소리 아리랑의 아리랑사적 위상」을 발표한 김기현 교수는 문경 새재아리랑의 위상을 다음과 같이 정리하였다. '문경새재 소리'는 문경의 '모심기 소리', '나무하는 소리'로 노동과 삶 속에서 구연되었던 토속민요이다. 그런데 19세 기 경복궁 중창 등과 같은 새로운 역사 · 문화적 상황에서 통속화의 길을 가게 되었 고, 당대 '아리랑'의 대표 소리로 인지되었다. 김기현 교수는 문경새재 아리랑을 다 음과 같이 규정짓고 있다. 첫째, '문경새재 아리랑'은 20세기 이후 다른 '아리랑'의 사설에 큰 영향을 주었다. 둘째, 강원도 지역의 아라리에 맥을 대고 있는 원형적인 아리랑이다. 셋째, 오늘 날에도 노동요로서의 기능을 지니고 살아 있는 향토의 토 속민요 아리랑이다. 넷째, 경상도 지역 토속아리랑의 선편(先便)에 해당하는 아리랑 이다.

사실, 문경새재 아리랑의 곡조는 '강원도아라리'에 가깝다. 문경은 백두대간을 중심으로 하는 생활 양식과 환경이 강원도와 비슷하다. 민요를 공부하면서 『우리 아이들의 옛 노래』라는 책을 낸 편해문에 따르면, 문경아리랑은 메나리조 민요라고 한다. '메나리'는 경상도와 강원도 지방에서 전승되는 민요의 한 갈래이다. 송영철 어르신은 문경새재 아리랑을 주흘산에 나무 하러 가서 부르는 노래라고 하였다.

1949년 고정옥 선생이 『조선민요 연구』에 정리해 놓은 '아리랑' 이야기로 마 무리해 본다.

'아리랑'의 성립이 경복궁 수축 공사에 있는지 여부는 고사할지라도, '아리랑' 의 내용이 근대 시민계급과 노동자, 농민의 생활상의 여실한 반영인 것은 사실이

일제 강점기 때의 엽서로, '문경새재 박달나무' 라는 사설이 보인다. ⓒ 옛길박물관

다. 도회지로 팔려 나오는 시골 처녀, 일본으로 시베리아로 품팔이 가는 농민, 동학란, 왜란, 호란, 기차 개통, 전등, 시어머니에게 대한 대담한 반항, 황금만능주의 사상, 세기말적 에로티시즘 등등 바야흐로 근대 생활의 만화경(萬華鏡)이다.

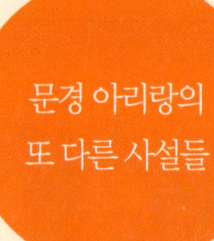

아리랑 고개

아리랑 고개 올라가면 삼십 리요

내려가도 삼십 리라

육십 리를 당도하니 큰 새재 다 넘어가는구나

오라는 님은 아니 오고 나 혼자 넘어가는구나

—문경새재, 김도화 할머니

문경 정선 아리랑

길이 난 고개라면 발을 벗고도 가지요

그렇지만 아리랑 고개는 무서운 고개

문경새재가 아리랑 고개가 되었네

아리랑 고개는 큰 고개 아리랑 고개가 적막강산

아리랑 고개가 뭔 고개냐 영감님 넘어간 고개로구나

아리랑 고개가 무섭네요 정든 님 넘어가신 고개

오실 때가 되었는데 왜 아니 오시나

아리랑 고개가 그렇게도 무섭던가요

—문경, 김복순 할머니

문경 풍년 아리랑

월정령 꼭대기 신안개 돌고
황덕벌 풍년제 어깨춤 추네
아리랑 아리랑 아라리요
아리랑 얼씨구 놀다 가세

가둔령 허리에 해 떨어지고
어역재 꼭대기 달 솟아오네
아리랑 아리랑 아라리요
우리네 낙원이 이곳이라네

이팔청춘 젊은 시절이
노래 노래나 불러 보세
아리랑 아리랑 아라리요
우리네 젊음을 찬미하세

       –조선총독부 조사 자료(1912)

진도아리랑 속의 문경새재

문경새재 계곡의 맑은 물

아리랑은 고개를 노래하는 민요다. 이 고개는 실제 넘어야 하는 공간상의 고개일
수도 있고, 힘겨운 우리들 삶의 마디마디를 말하는 시간상의 고개이기도 하다.

영화 '서편제'를 보다 보면, 정지된 카메라 앵글 속에 돌담에 둘러싸인 언덕배기 밭뙈기들이 가득한 장면이 나온다. 저 멀리 먼지를 날리며 고불고불한 돌밭길을 세 사람이 걸어온다. 흰 두루마기에 중절모를 쓰고 가방을 맨 유봉이 느린 가락으로 소리를 하기 시작한다. "사람이 살면은 몇백 년 사나/ 개똥 같은 세상이나마 둥글둥글 사세/ 아리아리랑 쓰리쓰리랑 아라리가 났네/ 아리랑 응응응 아라리가 났네." 뒤이어 자주 댕기에 흰 저고리 검은 치마를 입은 송화가 소리를 받는다. 젊고 힘있는 소리다.

> 문경- 새- 재는 웬 고- 갠가
> 구부야 구부구부가 눈물이 난다
> 아리아리랑 쓰리쓰리랑 아라리가 났네
> 아리랑 응응응 아라리가 났네

어느새 세 사람은 카메라 앵글 앞에 다다랐다. 동호의 북 장단과 함께 소리는 계속되고 흥겨운 춤까지 춘다. '진도아리랑'이다. 서편제 영화 전체에서 이 가족이 가장 밝은 모습으로 등장한 장면이었다. 다시 화면에 겨울이 오고 이들의 소리는 유랑 악단의 '베사메무쵸'에 묻힌다.

우리나라의 아리랑 중 대표적인 진도아리랑, '진도'라면 문경새재에서 멀디 먼 곳이다. 그 곳에서 왜 목청을 곧추세우고 '문경새재'를 노래하는 것일까? 진도아리랑의 기원 전설에 그 실마리가 될 만한 이야기가 있기는 하다.

  옛날, 진도 총각이 경상도에 가서 대가집의 머슴을 살다가 주인집 처녀와 정분이 났다. 두 사람의 사랑은 곧 들통나고 둘은 쫓기는 몸이 된다. 머슴은 처녀와 함께 문경새재를 넘어 진도 고향으로 돌아가게 된다. 두 사람은 진도에서 정겹게 살게 되었는데, 머슴이 그만 병으로 죽어 버리고 만다는 슬픈 이야기다. 즉, 진도 총각을 따라서 문경새재를 넘던 경상도 처녀가 부모를 거역하고 집을 떠나는 설움을 노래한 것이라고 한다.

  또, 혹자는 과거(科擧) 길로 유명한 이 곳을 호남 출신의 선비들이 청운의 꿈을 안고 넘나들며 부른 노래라고도 하며, 또 다른 이는 문경새재가 아니고 '문전(門前)세재'라고도 한다. 진도아리랑의 전승지인 진도의 어떤 마을에서 뭍으로 향할 때 반드시 넘어야 하는 세 고개가 있는데, 그 곳을 말하는 것이라고 한다. '문전세재'가 '문경새재'로 발음될 뿐이라는 것이다. 모두가 그럴 듯한 이야기다. 틀린 말은 아닌 것 같다. 그럴 수도 있겠다.

  남녀 간의 연정요(戀情謠)이든지, 신세 한탄을 노래했든지, 발음상의 문제이든지 간에 우리나라 방방곡곡에서 수없이 불리는 아리랑에서 문경새재는 여전히 유효한 사설로 노래되어지고 있다. 김기현 교수는 진도아리랑의 "문경새재는 웬 고갠가"라는 사설이 문경이라는 지역성에 크게 얽매이지 않아도 되는 현상을 설명하였다. 이것은 토속적인 '문경새재 소리'가 아리랑화하는 과정에 잘 드러나 있으며, 이 사설은 통속적 공식어구로서의 특성을 단적으로 보여 주는 것이라고 한다.

  아리랑은 고개를 노래하는 민요다. 이 고개는 실제 넘어야 하는 공간상의 고개일 수도 있고, 힘겨운 우리들 삶의 마디마디를 말하는 시간상의 고개이기도 하다. 여행의 길목에서 만나는 공간상의 고개는 물리적인 힘으로 넘을 수 있다. 하지만 삶

의 여정에서 만나는 시간상의 고개, 마음속의 고개는 쉽게 넘을 수 있는 것이 못 된
다. 이 고개를 넘겨 주는 것이 바로 민요다.

동지섣달 긴 밤에 시어머니의 헛기침 감독을 받아가며 길쌈을 하는 며느리의 노
래이고, 지게 작대기 두드리며 재 넘어 산에 나무하러 가는 노총각 머슴의 소리이
며, 두벌논매기 끝내고 풀꾸맥이(호미씻이, 풋구) 때 정자나무 아래 가마솥 걸어놓고
풍물 두드리며 한판 걸판지게 놀 때 부르는 노래와 소리가 민요고 아리랑이다.

문경새재는 문경새재 밑에 사는 사람들의 전유물이 아니었다. 조선 사람 모두의
고개였다. 조선 사람 모두가 간직한 가슴속 응어리가 문경새재였고, 싫든 좋든 굽
이굽이 눈물 흘리며 반드시 넘어 가야 할 고개가 문경새재였으며, 그 넘어 찾아오
는 희망과 환희 또한 문경새재였다. 반 게넵의 '통과의례, 通過儀禮, Rite of
passage'를 군이 설명할 필요는 없겠지만, 이 마디마디를 중요시하는 인간의 행위
가 주목받아 온 이유가 여기에 있다. 문경새재가 진도아리랑에서 그토록 절절히 맺
히는 이유 하나를 이제 찾은 것 같다.

시인 묵객, 새재를 읊다

握酌　　杯酒開陶謝　逍遙林澗中　曠然心
樂之　古書誠有味　多病畏沈痾　疾惡懷眞薫
善嘆後時榮蕷幡　日夜流山色古今茲何以慰吾
心聖言不我欺
　和陶集飲酒二十首
　其一
無酒吾無憂　有酒斯飲之　得閒方得樂　高樂當
及時　蕙風鼓萬物亭嘉今若玆物　與我同樂貪
病復何疑豈不知彼榮名難久持
　其二

寒棲雨後書事
浪浪夜雨聲朝起青山濕　何處平疇際潤水流
夏雲擧林迎光衆絲如新沐　野人相喚出幽
鳥語歇曲柴荊邊無事圖書盈四壁古人不在
故其言有餘領望至三金方來從三徑讀
　和陶集移居韻二首至山溪日
我生五十年今有生成宅　地僻人罕至撤棄俘隣
易　亦知生事畝　猶勝勞形役首力撤首性隨
安展敝席無論圖霽御野性諧風音甯鳥道久
同干音難剖析

문경새재는 '문경 팔영'과 같은 연작 한시의 대상이 되기도 하고, 이 고개를 넘는
과정이 묘사되기도 하였으며, 문경새재 안의 교귀정·용추 등과 같이 특정 공간
의 경관을 읊은 것도 있다.

문경새재는 조선 시대 500년 동안 나라의 중추적인 길이었다. 서울로부터는 380리 거리에 있고, 4~5일 정도면 다다를 수 있다. 문경새재를 넘나든 사람들은 모두 제각각의 목적이 있었을 것이다. 과거시험을 치러 올라가거나, 관청의 업무 때문에 왕래하거나, 관찰사나 고을의 원님으로 부임하거나, 통신사로 일본에 다녀오거나, 귀양을 가거나 하는 등의 공식적인 일이 있었을 것이다. 그리고 아주 개인적인 여행도 있었을 것이다.

이들은 대부분 걸어서 문경새재를 넘었다. 높은 관리들은 말을 타거나 가마를 타기도 했을 것이다. 이들은 문경새재를 넘나들면서 무슨 생각을 했을까? 황위주 교수에 의하면 이 곳을 지나쳤던 사람들이 남긴 한시만 해도 현재까지 무려 375제 415수에 달한다고 한다. 앞으로 얼마든지 더 발굴될 가능성이 높다. 이들 한시 속에서 문경새재는 '문경 팔영'과 같은 연작 한시의 대상이 되기도 하고, 이 고개를 넘는 과정이 묘사되기도 하였으며, 문경새재 안의 교귀정·용추 등과 같이 특정 공간의 경관을 읊은 것도 있다. 우리나라 사람이면 누구나 알 수 있는 인물들 김종직, 이황, 이이, 유성룡, 김성일, 정약용, 김정희, ……. 이 많은 사람들이 모두 문경새재를 노래했다. 그 중 몇 편을 소개한다.

대구 어버이 뵈러 가는 길에 새재를 넘으며 / 將向大丘覲親 踰鳥嶺

서거정(徐居正, 1420~1488)

꾸불꾸불 새재 길 양장 같은 길

지친 말 부들부들 쓰러질 듯 오르네.

길 가는 이 우리를 나무라지 마시게

고갯마루 올라서서 고향 보려 함일세.

崎嶇鳥嶺似羊腸 / 瘦馬凌兢步步僵 /

爲報行人莫相怨 / 欲登高處望吾鄕

새재 / 鳥嶺

박승임(朴承任, 1517~1586)

푸른 숲 속 바위는 켜켜이 쌓여 있고

새재는 높이높이 공중에 솟았어라.

드넓은 세상은 멀고도 아득한데

하늘가 조각 구름 기러기 같구나.

愁攀層石綠陰中 / 鳥道高高入半空 /

萬里乾坤飛遠目 / 片雲霄漢逼冥鴻

새재를 넘어 시골집에 묵다 / 踰鳥嶺 宿村家

김시습(金時習, 1435~1493)

새재는 남북과 동서를 나누는데

그 길은 아득한 청산으로 들어가네.

이 좋은 봄날에도 고향으로 못 가는데

소쩍새만 울며불며 새벽바람 맞는구나.

嶺分南北與西東 / 路入靑山縹緲中 /

春好嶺南歸不得 / 鷓鴣啼盡五更風

새재에서 아우에게 / 到鳥嶺寄舍弟

이언적(李彦迪, 1491~1553)

멀어지면 질수록 시름이 더한 것은

늦가을 강가의 이별 뜻이 깊어서라.

필마로 십 년 세월 떠돌았으니

석 잔 술에 천리 길 미련도 없으련만.

낙엽은 쓸쓸히 용추에 떨어지고

먹구름 싸늘히 새재에 걸렸구나.

너와 나눈 이별은 더욱 맺혀 아프고

꿈속인 듯 고향 산천 발목을 잡는다.

天涯乘興費幽吟 / 秋盡江頭別意深 /

匹馬十年南北路 / 三盃千里去留心 //

蕭蕭落葉龍秋畔 / 慘慘寒雲鳥嶺岑 /

懷抱此行殊鬱結 / 夢魂頻繞舊園林

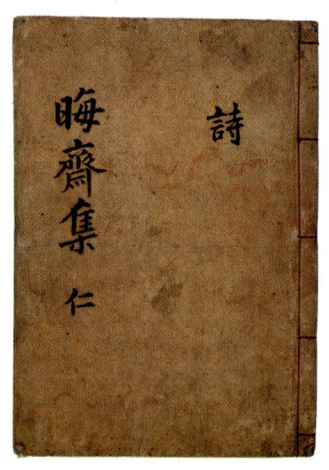

이언적의 유고시집 『회재집』 ⓒ 옛길박물관

새재로 가는 길 / 鳥嶺途中

이황(李滉, 1501~1570)

산 꿩은 꾹꾹꾹, 시냇물은 졸졸졸
봄비 맞으며 필마로 돌아오네.
낯선 사람 만나서도 반가운 것은
그 말씨 정녕코 내 고향 사람일세.

雉鳴角角水潺潺 / 細雨春風匹馬還 /
路上逢人猶喜色 / 語音知是自鄕關

퇴계 이황 문집 ⓒ 옛길박물관

새재에서 묵다 / 宿鳥嶺

이이(李珥, 1536~1584)

험한 길 벗어나니 해가 이우는데
산자락 주점은 길조차 가물가물.
산새는 바람 피해 숲으로 찾아들고
아이는 눈 밟으며 나무 지고 돌아간다.

야윈 말은 구유에서 마른 풀 씹고
피곤한 몸종은 차가운 옷 다린다.
잠 못 드는 긴 밤 적막도 깊은데
싸늘한 달빛만 사립짝에 얼비치네.

登登涉險政斜暉 / 小店依山汲路微 /
谷鳥避風尋樾去 / 邨童踏雪拾樵歸 //
羸驂伏櫪啖枯草 / 倦僕燃松熨冷衣 /
夜久不眠羣籟靜 / 漸看霜月透柴扉

새재에서 묵다 / 宿鳥嶺村店

유성룡(柳成龍, 1542~1607)

살랑살랑 솔바람 불어오고

졸졸졸 냇물 소리 들려오네.

나그네 회포는 끝이 없는데

산 위에 뜬 달은 밝기도 해라.

悄悄林風起 / 泠泠溪響生 /

幽懷正迢遞 / 山月自分明

새재 / 鳥嶺

김만중(金萬重, 1637~1692)

백두산은 남으로 삼천리를 달려와서

큰 고개 가로질러 칠십 고을 나눴네.

예부터 제후들 할거할 곳 있었거니

지금까지 그 요새 흔적이 있다네

짓푸른 봉우리 거듭거듭 솟아 있고

눈부신 단풍은 나무마다 아름답다.

공명을 세우기엔 내 이미 늙었거니

가던 길 멈추고 개인 하늘 볼밖에.

白山南走三千里 / 大嶺橫分七十城 /

從古覇圖資割據 / 至今殘壘未全平 //

迎人靑嶂重重出 / 照眼丹楓樹樹明 /

劍閣勒名吾老矣 / 停驛聊復賞新晴

겨울 날 서울 가는 길에 새재를 넘으며 / 冬日領內赴京 踰鳥嶺作

정약용(丁若鏞, 1762~1836)

새재의 험한 산길 끝이 없는 길

벼랑길 오솔길로 겨우겨우 지나가네.

차가운 바람은 솔숲을 흔드는데

길손들 종일토록 돌길을 오가네.

시내도 언덕도 하얗게 얼었는데

눈 덮인 칡넝쿨엔 마른 잎 붙어 있네.

마침내 똑바로 새재를 벗어나니

서울 쪽 하늘엔 초생달이 걸렸네

嶺路崎嶇苦不窮 / 危橋側棧細相通 /

長風馬立松聲裏 / 盡日行人石氣中 //

幽澗結氷厓共白 / 老藤經雪葉猶紅 /

到頭正出雞林界 / 西望京華月似弓

주흘산, 우뚝 솟은 묏봉우리

주흘산, 정상은 해발 1106m이다.

『세종실록지리지』「문경현조」에는 매년 봄가을에 향과 축문을 내려 하늘에 제사
를 올리는 소사임을 재확인할 수 있다. 주흘산은 그야말로 명산이 되었다. 같은
책 「경상도조」에는 지리산, 태백산, 가야산, 사불산(대승사 주변)과 더불어 주흘산
이 '영남의 5대 명산' 중의 하나라는 기록도 보인다.

　주흘산이 우리 역사상에서 주목받게 된 것은 조선 시대에 접어들면서부터이다.
『조선왕조실록』에는 주흘산에 대한 언급이 여러 차례 등장한다. 태종 14년(1414)에
는 주흘산이 나라에서 정한 명산대천(名山大川) 중 '소사(小祀)'로 등재되었다는 기
록이 있다. 『세종실록지리지』 「문경현조」에는 매년 봄가을에 향과 축문을 내려 하
늘에 제사를 올리는 소사임을 재확인할 수 있다. 주흘산은 그야말로 명산이 되었
다. 같은 책 「경상도조」에는 지리산, 태백산, 가야산, 사불산(대승사 주변)과 더불어
주흘산이 '영남의 5대 명산' 중의 하나라는 기록도 보인다.

　명산(名山)은 주흘산(主屹山)이 현 북쪽에 있고, 매년 춘추(春秋)로 향(香)과 축문(祝
文)을 내려 제사를 행한다. 소사(小祀)이다. 관혜산(冠兮山)이 현 남쪽에 있다. 주흘산
에 붙여서 제사한다.

-『세종실록지리지』 「문경현조」

　명산(名山)이 5이니, 주흘산(主屹山) 문경(聞慶)에 있다. 태백산(太伯山) 봉화(奉化)에
있다 · 지리산(智異山) 진주(晉州)에 있다. 사불산(四佛山) 상주(尙州)에 있다. 가야산(伽
倻山) 성주(星州)에 있다.

-『세종실록지리지』 「경상도조」

명산대천으로 지정된 이후 나라에서는 국가적인 중요한 문제나 심한 가뭄이 들어 기우제를 지낼 때면 신하들을 보내 제사지냈다는 기록이 여러 차례 나온다. 성종 때에는 임금의 쾌차를 기원하기 위해 신하가 직접 내려와 기도를 올린 사례도 나타난다. 세조 1년(1455) 6월에는 가뭄이 심하였다.

경상도 관찰사가 아뢰기를, "이제 백곡이 그 발수기(發穗期)를 당하여 수십 일을 비가 오지 않고 있으니, 청컨대 향과 축문(祝文)을 내리어 주흘산(主屹山)에 기도하게 하소서." 하니, 명하여 두루 명산(名山)·대천(大川)에 기도하였다.

주흘산, 그 이름을 풀어보자. 주인 주(主), 산 우뚝 솟을 흘(屹), 뫼 산(山), '우뚝 솟아 주인 되는 산'이란 뜻이다. 생긴 모양과 산 이름이 비슷하다. 특히 '흘'자는 '확고하여 움직이지 않는다.'는 뜻도 함께 지니고 있으니, 마찬가지로 주흘산의 모습과 닮아 있다.

문경의 옛 이름 중의 하나가 '고사갈이성(高思葛伊城)'이다. 이후 관문현(冠文縣)·관현(冠縣)·관산(冠山)으로 불리기도 했다. '고사갈이'는 이두식 표기로, 오늘날 '고깔'의 옛말이다. 이후 지명에 보이는 '관(冠)' 역시 '모자'를 뜻한다. 아마도 주흘산의 생김새를 보고 따온 이름으로 보인다. 실제 남쪽에서 주흘산을 바라보면 선비들이 쓰던 '정자관(程子冠)'과 같이 주흘산의 하늘금이 우뚝 솟아 있는 모습을 볼 수 있다.

산이 높으면 골이 깊다. 그 높이와 깊이만큼 전해 내려오는 전설도 많기 마련이다. 주흘산의 유명한 전설로는 '한양을 등지고 돌아앉은 산' 이야기가 있다. 태조 이성계가 한양에 도읍을 정하고 주산을 삼을 만한 산을 모집하였다. 이 소식을 들은 주흘산은 뒤늦게 한양으로 올라가다가 이미 삼각산이 낙점되어 자리잡았다는 소식을 들었다. 주흘산은 그만 한양을 등지고 남쪽을 향해 돌아앉게 되었다고 한다. 한 나라의 주산이 될 뻔한 이 산이 작은 고을의 진산(鎭山)이 되었다. 주흘산은 불만이 있을지 모르나 그 아래 사는 사람들은 또 다른 자부심을 느끼고 있을지도 모른다.

조령산은 없다

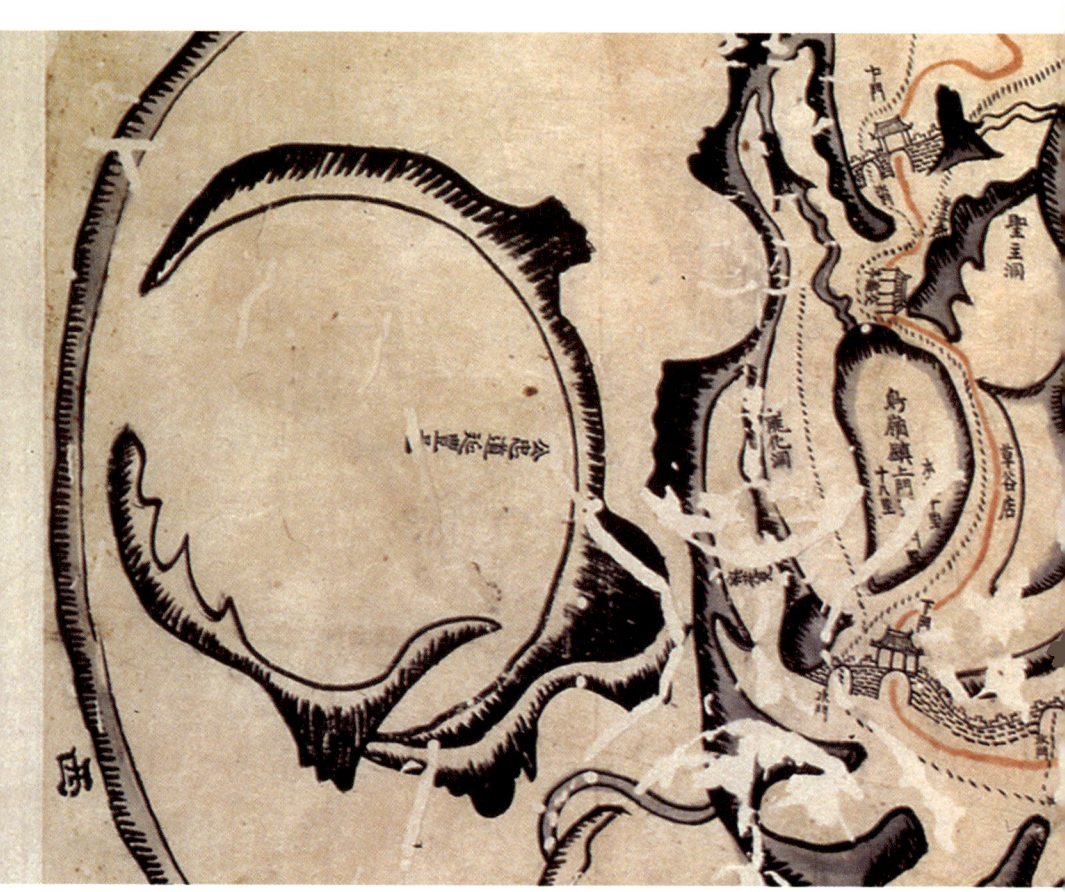

'1872년 지방 지도' 중 '조령진산도' ⓒ규장각

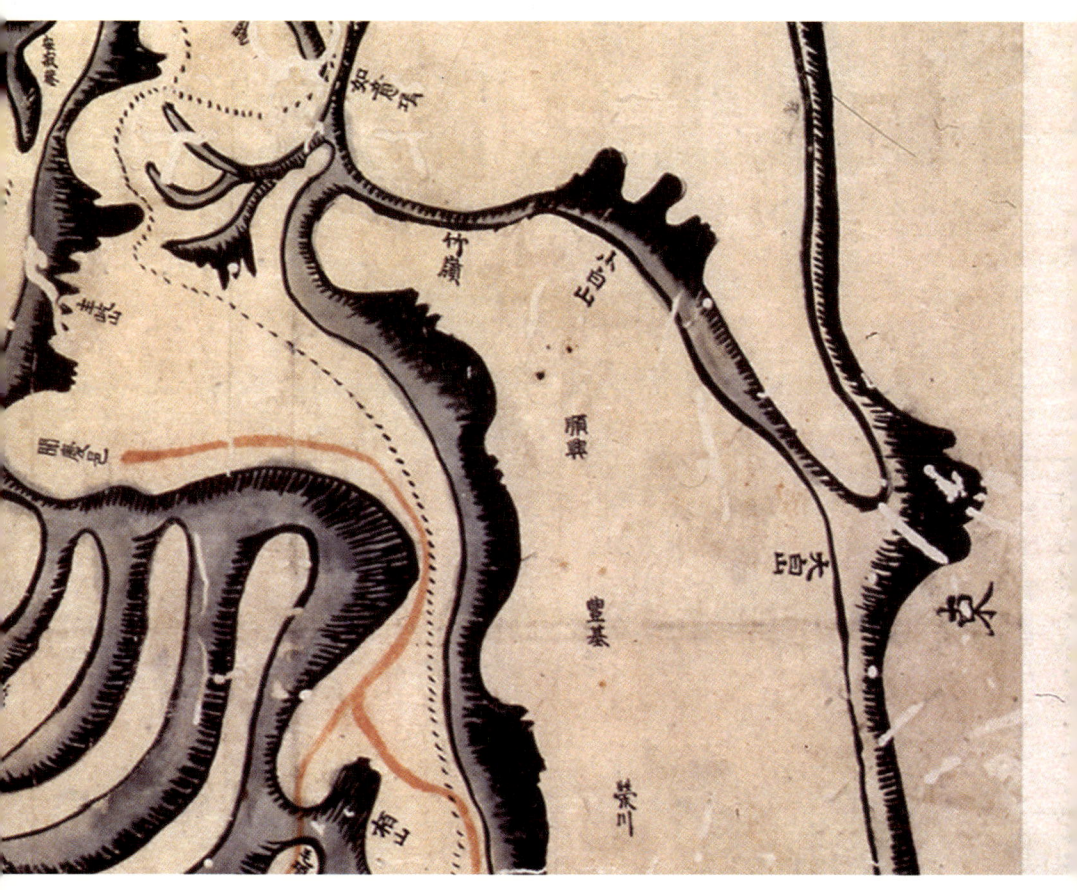

조선 시대 문경과 관련된 어느 지리지나 지도를 보더라도 '조령(鳥嶺)'은 많지만, '조령산(鳥嶺山)'이라는 지명은 찾아보기 드물다. 단지 '1872년 지방 지도' 중 문경 지도에 '조령산'이라는 지명이 유일하게 보인다. 반면 대부분의 문헌에서는 오늘날 조령산이 있는 그 위치에 '공정산(公定山, 公正山, 公淨山, 公丁山)'이라는 이름이 등장한다.

조석필 선생이 쓴 『태백산맥은 없다』라는 책이 있다. 지금까지 우리나라 지도책이나 학교의 사회시간, 지리시간에 그토록 널리 알려졌던 '태맥산맥'인데, 갑자기 태백산맥이 없다니 도대체 어찌된 일일까? 사실, 이 표현은 역설적인 것이다. 당시만 하더라도 우리 땅의 산줄기는 '백두대간(白頭大幹)'이라는 개념이 지금처럼 자리 잡지 못한 시기였다. 그렇기 때문에 이 책은 큰 반향을 일으켰고 백두대간의 개념을 정립하는 이정표가 되어 왔다.

백두대간은 조선 후기 여암 신경준의 저술로 추측되는 『산경표(山經表)』라는 책에서 나온 말이다. 산경표는 우리나라 산줄기(山經)를 마치 족보의 기록과 같이 정리한 책이다. 우리나라 산세는 대간(大幹) 하나와 정간(正幹) 하나, 그리고 13개의 정맥(正脈)으로 나누어진다. 곧 백두산에서 시작하여 지리산까지 이어지는 주요 산과 고개 130여 개가 족보처럼 기록되어 있고, 그 산줄기를 '백두대간'이라고 하는 것이다. 산경표의 백두대간 지명 중에 문경 지역의 지명이 10개나 등장하고 있다. 이미 조선 시대 지리적 개념 속에서도 문경의 산은 크게 이름나 있었다.

그런데 『산경표』는 물론이고, 『신증동국여지승람』이나 『문경현지』등 조선 시대 문경과 관련된 어느 지리지나 지도를 보더라도 '조령(鳥嶺)'은 많지만, '조령산(鳥嶺山)'이라는 지명은 찾아보기 힘들다. 단지 '1872년 지방 지도'중 문경 지도에 '조령산'이라는 지명이 유일하게 보인다. 반면 대부분의 문헌에서는 오늘날 조령산이 있

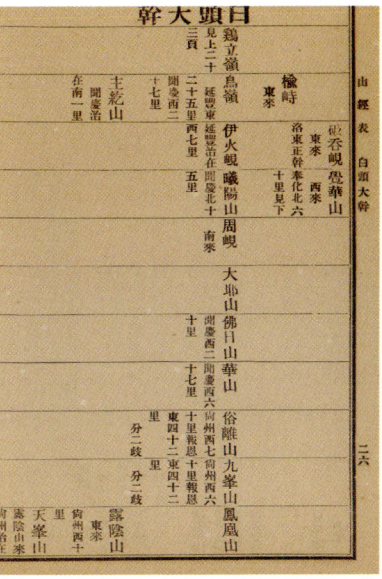

1대간 1정간 13정맥의 우리나라 산줄기를 족보처럼 표현한 『산경표』(1913) ⓒ 옛길박물관

는 그 위치에 '공정산(公定山, 公正山, 公淨山, 公丁山)'이라는 이름이 등장한다. 필사본 『문경현지』(1749)와 『여지도서』(1757) 등에는 공정산이 수차에 걸쳐 나타난다.

공정산은 초곡 서쪽 8리에 있고 조령에서 뻗어 왔다.

－『문경현지』

조령은 계립령에서 뻗어 나오다 달항에서 둘로 나뉘어진다. 한 줄기는 주흘산의 돌 모서리처럼 생긴 가파른 바위와 깎아지른 듯이 서 있는 여러 산봉우리를 이룬다. 한 줄기는 조령을 이루고 굽이쳐 나가 공정산을 이룬다.

－『여지도서』

이처럼 문경새재 양쪽의 산을 설명하면서도 주흘산과 공정산 이야기는 있지만 조령산에 대한 이야기는 없다. 그런데 이웃한 북쪽 고을인 『연풍현지』(1773년) 「산천

이화령과 조령산. 이제 이화령 아래로는 터널과 고속도로가 뚫려 있다. ⓒ이완규

조」에 '조령산'이라는 지명과, '공정산'이라는 지명이 함께 있음을 확인하였다.

> 조령산 ; 현 동쪽 25리에 있다. 경상도 봉화현 태백산에서 맥이 뻗어 왔다.
> 공정산 ; 현 동쪽 10리에 있다. 태백산에서 맥이 뻗어 왔다.
>
> −『연풍현지』

한편, 같은 책 「관방조」에는 "조령은 현 동쪽으로 25리 떨어져 있다(鳥嶺 在縣東距二十五)."라고 하여 조령과 조령산을 함께 이야기하고 있다.

'조령산'이라는 지명과 관련하여 이상의 내용들을 정리해 보자. '조령산'이라는 지명은 『연풍현지』와 '문경 고지도'에 언급되어 있다. 하지만 그 위치는 조령관이 있는 부근을 말하며, 조령과 더불어서 언급될 뿐이다. 대부분의 자료에서는 지금 우리가 알고 있는 조령산을 조선 시대에는 '공정산'이라고 불렀다. 그것은 위에 언급한 문헌 자료를 비롯한 문경현의 다른 고지도나 연풍현 고지도(古地圖)에 여러 차례 표기되어 있다. 조령은 있어도 조령산은 없으며, 지금의 조령산은 공정산이다.

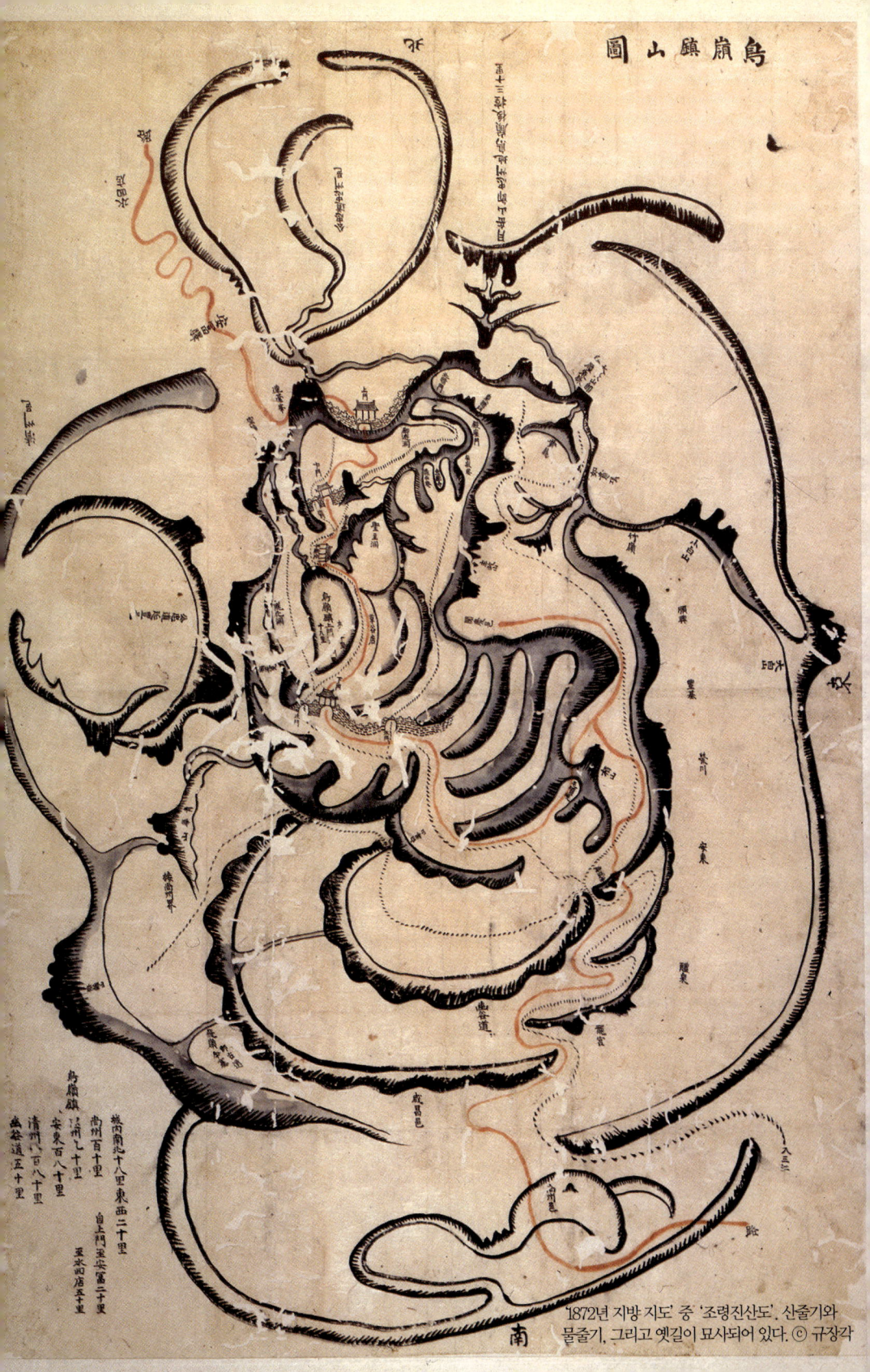

낙동강의 발원지 문경새재

낙동강의 발원지 '초점' ⓒ 서헌강

『세종실록지리지』에 나타난 '초점'은 문경새재의 다른 이름이다. 관갑천은 문경
새재 쪽에서 흘러오는 물과 속리산 쪽에서 흘러온 물이 합수하는 지점이다.
태백의 황지·문경의 초점·순흥의 소백산은 백두대간이 분수령이 되어 남쪽으
로 흐르는 물의 발원점이며, 청송 보현산은 낙동 정맥이 분수령이 되어 서쪽으로
흐르는 물의 발원점이 된다.

낙동강의 발원지는 어디일까? 누구나 강원도 태백에 있는 황지(黃池)를 꼽는다. 그러나 『경상도지리지』와 『세종실록지리지』 경상도 명산대천 항목을 보면 그 발원지가 다섯 혹은 셋으로 기록되어 있다.

대천이 넷이니 첫째가 낙동강이다. 그 발원지가 다섯이다. 하나는 태백산 황지에서 나오고, 하나는 문경 관갑천에서 나오고, 하나는 순흥 소백산에서 나오고, 하나는 청송 보현산 북쪽에서 나오고, 하나는 보현산 서쪽 의흥지에서 나온다. 물이 합하여 상주 동쪽을 흘러 경상도의 가운데로 간다.

–『경상도지리지』 「경상도 대천조」

대천이 셋이니 첫째가 낙동강이다. 그 발원지가 셋이다. 하나는 봉화현 북쪽 태백산 황지에서 나오고, 하나는 문경현 북쪽 초점에서 나오고, 하나는 순흥 소백산에서 나와서 물이 합하여 상주에 이르러 낙동강이 된다.

–『세종실록지리지』 「경상도 대천조」

두 문헌 모두 문경에 있는 지명이 등장한다. 『경상도지리지』에 나타난 '관갑천'은 현재 문경시 마성면 신현리에 위치한 토끼비리를 말하는 것이고, 『세종실록지리

地理志

慶尚道在三韓時為辰韓至三國為新羅及高麗太祖并新羅百濟置東南道都部署

司慶尚晉州道成宗十四年乙未分境內為十道以尚州所管為領南道慶州金州所管

為領東道晉州所管為山南道其後不知何時合為慶尚道今考國史唐宗元年丙戌以秘書丞

稱慶尚晉州道明宗元年辛酉分為慶尚州道晉陜州道至十六年丙午以

李桂長為東南都部署使兼慶尚州道按廉使疑慶尚道之名始於此神宗十四年甲

于改為尚晉安東道其後又改為慶尚晉安道忠肅王元年甲寅定為慶尚

道本朝因之都觀察使置司尚州其地東南負大海西界智異山至咸陰縣六十峴北

界竹嶺至聞慶縣草岾而大丘郡在道中央東西三百七十六里南北四百四十八里所管

府一大都護府一牧三都護府六郡十五縣令六縣監三十四名山五至屹慶在聞太

伯山化在奉智異州在晉四佛州在尚伽倻州在星大川三一曰洛東江其源有三一出奉化縣太

伯山黃池一出聞慶縣北草岾一出順興小白山合流至尚州為洛東江善山為餘次

尼津仁間為漆津星州為東安津加利縣為茂溪津至草溪合陜川南江之流為甘

『세종실록지리지』 「경상도 대천조」에 문경새재가 낙동강 발원지임이 기록되어 있다. ⓒ 규장각

낙동강 발원지 '초점'. 역사적 발원지로서 그 의미가 크다. ⓒ 서헌강

지』에 나타난 '초점'은 문경새재의 다른 이름이다. '새재'로 읽어도 무방하다. 관갑천은 문경새재 쪽에서 흘러오는 물과 속리산 쪽에서 흘러온 물이 합수하는 지점이다. 이 합수 지점을 '용연(龍淵)' 또는 '회연(回淵)'이라고도 한다. 경상도 지리지에서 낙동강의 발원지로 관갑천을 꼽은 것은 바로 이 지점을 말하는 것이다. 이 지점에서 영강(潁江)이 시작되어 낙동강에 이르게 된다.

일반적인 생각으로 보자면 발원지는 하나여야 한다. 하지만 이것은 근대 이후 우리의 의식 속에 자리잡은 서구의 합리성, 과학성과 같은 관념이 지배한 결과다. 발원지에 대한 전근대사회 우리 조상들의 관념은 오늘날과 같이 '최장거리'에 방점을 찍지 않았다. 이른바 '분수령(分水嶺)'에 방점을 찍었다. 물의 시작은 분수령에서 이루어진다는 것이다. 산은 물론이고 언덕, 논둑, 밭둑도 분수령이 될 수 있다.

태백의 황지 · 문경의 초점 · 순흥의 소백산은 백두대간이 분수령이 되어 남쪽으로 흐르는 물의 발원점이며, 청송 보현산은 낙동 정맥이 분수령이 되어 서쪽으로 흐르는 물의 발원점이 된다. 이 물들은 또 다른 분수령의 크고 작은 물과 합수하여 개울이 되고, 내가 되고, 지류가 되고, 강이 되어 바다로 흐르게 된다. 낙동강뿐만 아니라 다른 강들도 마찬가지다.

관찰사가 나가신다, 교귀정

교귀정, 신·구 경상 감사가 관인을 인수인계하던 곳이다. ⓒ 서헌강

'교귀정'은 새롭게 도임하는 신임 감사와 업무를 마치고 이임하여 돌아가는 감사가 관인(官印)을 인수인계하던 곳으로, 경상도의 첫 땅인 문경새재에 자리잡고 있다.

관찰사는 조선 시대 각 도에 파견된 지방 행정의 최고 책임자를 말한다. 감사(監司) · 도백(道伯) · 방백(方伯) · 외헌(外憲) · 도 선생(道先生) · 영문 선생(營門先生) 등으로도 불렀다. 관찰사의 임기는 조선 초기에 1년이었다가 후에 2년으로 되었으며, 품계는 종2품이었다. 관찰사가 행정 업무를 보는 관아를 감영(監營) · 영문(營門) · 순영(巡營)이라고 하며, 관원으로는 도사(都事) · 판관(判官) · 중군(中軍) 등 중앙에서 임명한 보좌관이 있고, 일반 행정은 지방의 향리(鄕吏)가 업무를 담당하도록 하였다.

관찰사의 주된 업무는 임금을 대신하는 지방 장관으로서 도내의 군사와 행정을 지휘 통제하였다. 따라서 각 도의 병마절도사와 수군절도사를 겸임하는 경우가 많았다. 국가의 안위와 관련되는 중요한 업무에 대해서는 중앙의 명령을 따라 시행하였지만, 관찰사가 관리하는 도에 대해서는 지방 행정상 절대적 권력을 행사하였다. 이러한 관찰사 제도는 지방 통치의 근간을 마련하는 계기가 되었으며, 중앙집권제의 확립에도 크게 기여하였다.

'교귀정'은 새롭게 도임하는 신임 감사와 업무를 마치고 이임하여 돌아가는 감사가 관인(官印)을 인수인계하던 곳으로, 경상도의 첫 땅인 문경새재에 자리잡고 있다. '거북 귀(龜)'자는 '도장', '관인'을 뜻한다. 문경 현감 신승명(愼承命)이 성화연간(成化年間, 1466~1488)에 세웠다고 전한다. 김종직(金宗直, 1431~1492)은 "조령 동쪽 비탈에 새 정자가 있어 제법 넓고 화려하다. 곧 신 · 구 감사가 교인하기 위하여 만

권신응의 〈교귀정〉(1744). 교귀정은 문경 십경 중 하나다. ⓒ 안동 권씨 화천군파 종중

나고 헤어지는 곳이다. 전 현감 신승명이 세웠는데, 지금껏 이름이 없어 내가 '교귀' 라 이름 지었다."라고 밝히면서 교귀정과 용추를 한시로 읊었다. 이행(李荇, 1478~1534)의 시에도 김종직이 처음으로 이름을 지었음을 밝히고 있다.

최근에 발굴된 『영영일기(嶺營日記)』에 나타나는 관찰사 조재호(趙載浩, 1702~1762)의 부임 모습은 다음과 같다.

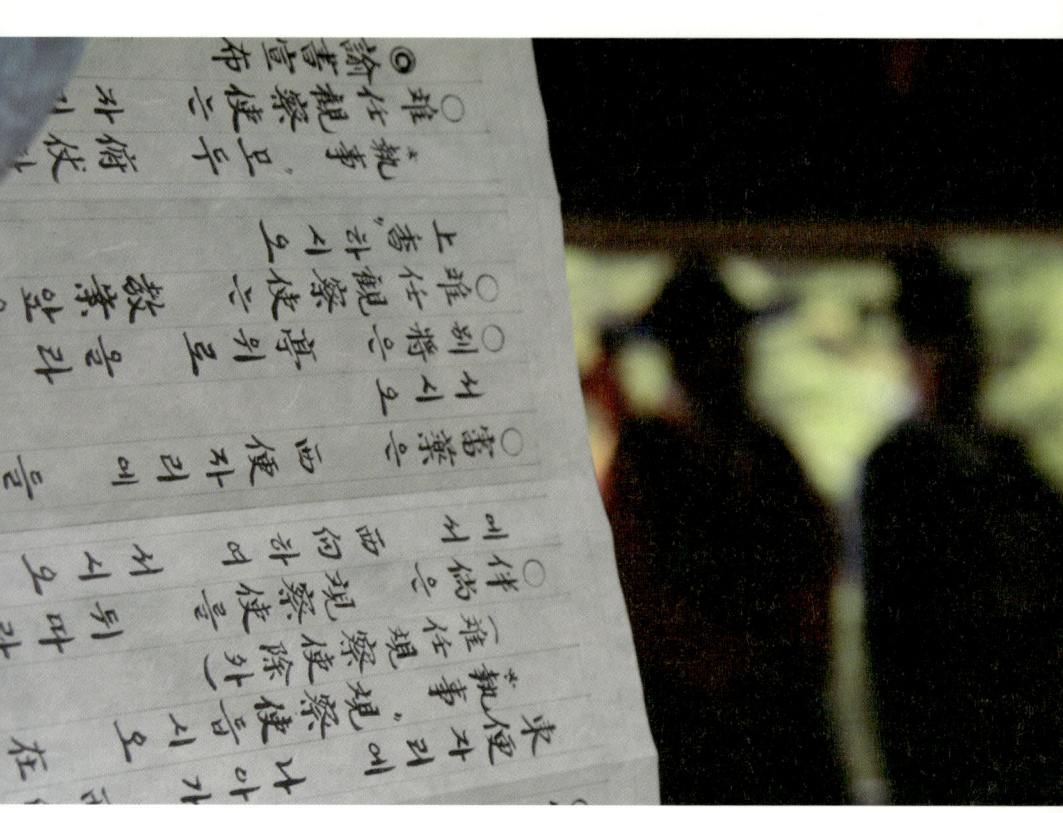

경상 감사 교인식의 홀기

영조 27년(1751) 6월 15일

아침 식사 전에 안보역(安保驛)을 출발하여 식사 후에 조령관(鳥嶺關) 서문(西門) 밖에 이르니, 조령관 별장(鳥嶺關別將) 조세대(趙世大)가 갑옷을 입고 투구를 쓰고 삼가 마중하였다. 문루(門樓)에 올라 잠시 휴식한 뒤에 쌍가마를 타고 교귀정(交龜亭)에 이르니, 옛 관찰사가 벌써 도착해 있었다. 관인(官印)과 병부(兵符)를 절차에 따라서 전하고 받은 뒤에 내려왔다. 문경 현감(聞慶縣監) 유곡 찰방(幽谷察訪) 임형원, 지례 현감(知禮縣監) 이복상, 조령 별장(鳥嶺別將) 조세대가 5리 길을 와서 영서(令書), 유서(諭書)를 삼가 맞이하여 용정(龍亭)에 올리고 그대로 전도관(前導官)이 되었다. 객사에 이르러 명(命)을 맞이하는 일은 비장(裨將)으로 하여금 대신 받게 하고 공사례(公私禮)를 면제하니 함께 들어와 배알하고 지례 현감은 바로 인사하고 떠났다. 동헌에 앉아서 도계 진상물을 감봉(監封)하고 공사소지(公事所志)를 결재하였다.

현재의 교귀정은 구한말에 불에 타 없어졌던 것을 1999년에 중창한 것이다. 교귀정은 대부분 도계(道界)에 위치하고 있다. 충청도는 진천현 북쪽 8리 광혜원방에 있었고, 전라도는 여산군의 황화정이 교인처였다고 한다. 한양과 달리 지방에서는 유일한 절대 권력자인 감사의 행차가 가장 크고 화려한 볼거리였다. 문경새재에서는 조선 시대의 '미암일기초(眉巖日記草)'와 '탐라순력도(耽羅巡歷圖)'를 기초로 매년 가을 경상 감사 도임 행차를 재현하고 있다. 행차의 구성은 300여 명에 이르렀다고 한다.

경상 감사 도임 행차 행렬

도가(導駕) : 백성에게 길을 쓸고 황토를 깔게 하는 벼슬아치

청도기(淸道旗) : 행차 때 앞에서 길을 치우는 데 쓰던 깃발

피상(皮箱) : 귀중한 문서가 든 가죽 상자

등롱(燈籠) : 촛불을 밝히는 등

인(印) : 관찰사의 관인

병부(兵符) : 군대를 동원할 수 있는 표지

교서(敎書) : 왕이 내리는 선포문 성격의 문서

유서(諭書) : 왕이 군사권을 가진 관원에게 내리던 명령서

취타대(吹打隊) : 악기를 연주하는 군악대

대고(大鼓) : 큰 북

군관(軍官) : 군사적 임무를 수행하던 장교급 무관

전마(前馬) : 행렬의 맨 앞에 가는 기마군관

의장수(儀仗手) : 높은 사람의 행차 때 위엄을 나타내는 의장기를 든 사람

기수(旗手) : 다양한 종류의 군기를 든 사람

군관마(軍官馬) : 군관이 탄 말

영전(令箭) : 군령을 전하던 화살

서자(書者) : 기록을 담당하던 사람

사령(司令) : 군대를 지휘하는 사람

감사(監司) : 종2품 벼슬의 지방 수령. '관찰사'라고도 한다.

경상 감사 도임 행차 재현 모습

일산(日傘) : 햇빛을 가리던 도구

영리(營吏) : 감영에서 일하는 아전, 육방관속

나장(羅將) : 사정(司正)·형사 업무를 보던 감영에 속한 사령(使令)

도사(都事) : 감영의 제반 사무를 주관하던 종5품의 보좌관

찰방(察訪) : 역참을 관리하던 종6품의 외관직 관원

심약(審藥) : 궁중에 바치는 약재를 심사하던 종9품의 관원

검율(檢律) : 형률을 판단하던 종9품의 관원

나졸(羅卒) : 감영에 딸린 군인

부사(府使) : 도호부에 두던 종3품의 지방 수령

파초선(芭蕉扇) : 햇빛을 가리던 부채의 하나

현감(縣監) : 현에 두던 종6품의 지방 수령

관노(官奴) : 감영에 딸린 노비

관기(官妓) : 감영에 딸린 기생

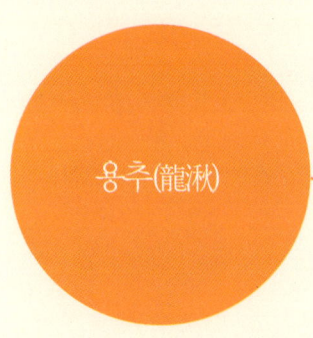

용추(龍湫)

　교귀정 옆에 용추폭포가 있다. 겸재 정선의 작품으로 전해지는 '진경산수화'의 화제도 조령 용추다. 용추 동쪽으로는 교귀정이 자리잡고 있으며, 그 옆으로 영남 대로가 지나고 있다. 용추는 여름철 수량이 많을 때 그 모습이 장관이며, 아침 무렵 물안개가 피어오를 때도 볼 만하다. 문경새재 옛길 중 가장 아름다운 구간이기도 하다. 용추 서쪽 암벽에는 목사를 지낸 구지정(具志楨)이 쓴 '용추(龍湫)'라는 커다란 각자가 새겨져 있다. 『해동가요』에 부패를 풍자한 시조 "쥐 찬 소리개들아 배부르다 자랑마라/ 청강 여윈 학이 주리다 부럽소냐/ 내 몸이 한가하여마는 살 못 찐들 어떠리"가 전한다. 용추에도 수많은 한시들이 전한다.

구지정이 용추폭포 바위에 새겨 놓은 '용추' 각자

여름철 모습이 장관인 '용추폭포' ⓒ 서헌강

새재의 용담을 지나며 / 過鳥嶺龍潭

홍언충(洪彦忠, 1473~1508)

우렁찬 폭포 소리 물속에 잦아들고
에워싼 나무들로 그윽하고 깊어라.
용아, 너는 예로부터 어떻게 닦았기에
지금 여기 누워서도 놀라지 않느냐.

雷雨包藏只一泓 / 兩邊山木作幽情 /
問龍夙世脩何行 / 今日深潭臥不驚

〈조령 용추〉, 겸재 정선이 그린 것으로 알려져 있다. ⓒ 개인 소장, 『한국고미술』 통권 12의 광고에서 빌췌

용추폭포의 가을, 맑은 물과 낙엽이 조화롭다.

용추 / 龍湫

이황(李滉, 1501~1570)

큰 바위 힘 넘치고 구름은 도도히 흐르네

산 속의 물 내달아 흰 무지개 이루었네

성난 듯 낭떠러지 입구 따라 떨어져 웅덩이 되더니

그 아래엔 먼 옛적부터 이무기 숨어 있네

巨石矗矗雲溶溶 / 山中之水走白虹 /

怒從崖口落成湫 / 其下萬古藏蛟龍

문경새재와 신립 장군

문경새재 토끼비리 주변

역사 속의 신립은 잘못된 전술로 패배하여 스스로 목숨을 끊은 비운의 장군이지만, 전설 속의 신립은 귀신의 말을 좇다 패망한 어리석은 장수이다. 노련한 부하의 판단을 따르지 않고 군사들을 죽음으로 이끈 신립에게 민중은 이야기 속에서 어리석은 패배자로 인식하고 있는 것이다.

신립 장군은 1546년(명종 1년)에 태어나 22세에 무과급제(武科及第)하고, 전공이 혁혁하여 한성부판윤(漢城府判尹)이 되었다. 임진왜란이 일어나자 삼도도순변사(三道都巡邊使)로 임명되었고, 선조가 친히 칼을 하사하며 격려하였다. 그러나 백전노장인 김여물 부장(副將)이 조령에 진지를 구축하고자 건의했으나 천험의 요새인 새재를 버리고 탄금대에 배수진을 쳐서 전사하였다. 역사적 사실은 이러하다. 그러나 문경새재 일대에서 전승되는 전설은 다음과 같다.

임진왜란이 일어나고 영남에서 우리 군이 대패하자 선조는 신립을 급파한다. 신립은 북진하는 왜군을 저지하기 위하여 여러 장졸들과 문경에 진을 치고 있었다. 마침 상주에서 왜군에게 대패하여 남하하던 이일 장군 일행을 만나 방어 대책을 세우기 위해 작전 회의를 열었다. 홀연 한 도승이 나타나 천험의 요새인 조령에 진(陳)을 치고 반격(反擊)하면 왜적을 격퇴(擊退)할 수 있다고 일러 준다. 그러나 신립은 결정을 머뭇거리고 있었다.

그 날 밤, 신립의 꿈에 북한산에서 만난 적이 있던 처녀가 나타났다. 그 처녀는 신립이 젊은 시절 북한산에서 구해 준 여인이었다. 처녀는 은혜를 갚고자 따라가길 청했지만 이미 혼인한 신립은 거절하고 길을 나섰다. 지붕에 올라가 떨어져 자결한 처녀는 그 뒤로 신립이 전투에 나갈 때마다 꿈에 나타나 작전을 알려 주었고, 그대

가을이 무르익은 문경새재 옛길

로 하면 백전백승이었다.

과연 문경의 전투를 앞두고 신립의 꿈에 또 처녀가 나타났다. 그러나 알려 준 내용은 도승과 달랐다. 좁은 새재를 버리고 충주의 달래강에 배수진을 치라는 것이다. 신립은 처녀의 말을 따라 문경새재에 있는 나무마다 한지로 사람 모양을 만들어 마치 군사가 주둔하고 있는 것처럼 위장을 하고 달래강에 배수진을 쳤다. 그러나 대패하고 죽음을 맞았다. 그 처녀는 자기의 청을 물리친 신립 장군에게 복수를 한 것이다.

역사와 전설이 어긋난다. 역사 속의 신립은 잘못된 전술로 패배하여 스스로 목숨을 끊은 비운의 장군이지만, 전설 속의 신립은 귀신의 말을 좇다 패망한 어리석은 장수이다. 노련한 부하의 판단을 따르지 않고 군사들을 죽음으로 이끈 신립에게 민중은 이야기 속에서 어리석은 패배자로 인식하고 있는 것이다.

문경새재 성황신과 최명길

새재 성황신과 최명길의 설화가 전하는 문경새재 성황당 전경

최명길은 조선이 병자호란을 당하여 척화론 일색의 조정에서 홀로 강화론을 주
장하였고, 인조를 따라 남한산성으로 들어가서는 주전론이 일색인 가운데 주화론
을 주장한 현실적인 인물이다.

　최명길은 조선이 병자호란을 당하여 척화론 일색의 조정에서 홀로 강화론을 주장하였고, 인조를 따라 남한산성으로 들어가서는 주전론이 일색인 가운데 주화론을 주장한 현실적인 인물이다. 대의명분에서는 질타 받는 최명길이지만 문경새재에 전하는 전설에서 최명길은 새재 성황신이 선택한 영웅으로 평가받고 있다.

　최명길이 소년 때 일이다. 고향인 청주에서 안동 부사로 있는 외숙부를 찾아가다 새재 동쪽에 이르러 어여쁜 젊은 여인을 만난다. 험한 산길을 혼자 가기 무서우니 동행해달라는 여인의 말에 쾌히 승낙하고 같이 길을 나섰다. 정체를 궁금해하는 최명길에게 "나는 새재 성황신인데 안동에 사는 모 좌수가 성황당에 걸려 있는 치마를 가져가 제 딸에게 입히니 어찌 용서할 수 있겠는가. 지금 좌수 딸을 죽이러 가는 길이다."라고 여인이 말한다. 깜짝 놀란 최명길이 치마 저고리를 찾아 줄 터이니 사람을 죽이지 말라고 달래니, 여인이 다시 입을 연다. "공은 장차 정사공신으로 영의정에 오를 몸이요, 병자호란이 일어나면 큰 공을 세울 것입니다. 그러나 명나라는 망하고 청이 흥할 것이니 부디 청과 화친하여 이 나라 사직을 보전하셔야 합니다. 오늘 좌수의 딸을 죽일 것으로되, 공의 체면을 봐서 징벌을 할 것이니, 공은 이리이리하여 제 체면을 세워 주시오."

　말을 마친 뒤 여인은 홀연히 사라지고 만다. 최명길이 이상히 여겨 서둘러 안동 좌수집을 찾아가 보니, 좌수 딸이 급사하여 집안이 발칵 뒤집혀 있었다. 급히 새재 성황당에서 가져온 치마를 불사르고 제사를 올리니 과연 죽었던 딸이 소생하였다. 이후 최명길이 좌수를 시켜 사당을 짓게 하니, 이것이 현재 남아 있는 '새재 성황당'이다.

이 전설은 새재 성황당의 내력을 풀이한 이야기이며, 최명길이 화친을 주장한 연유를 설명해 주는 이야기이다. 민중에게 영웅은 누구인가? 명분에 급급하여 전쟁을 일으켜 삶을 피폐하게 하는 사람은 영웅이 아니다. 비록 실패한다 하더라고 민중을 위하는 자, 위하려고 하는 자가 영웅이다. 새재 성황신은 바로 그런 민중의 마음이다.

문경새재 성황당

문경새재에는 현재 상초리 주민들에 의해서 모셔지는 성황당이 있다. 마을 단위의 성황당으로선 건물 규모가 매우 훌륭하다. 정월 보름 상초리 주민들이 동제를 지내고 있으며, 전국 각지의 무속인들이 자주 찾는 곳이다. 1970년대 후반, 보수 공사를 하면서 발견된 중수 상량문에는 이 성황당을 중수하게 된 배경과 참여한 사람들의 명단이 부기되어 있었다. 중수 상량문의 내용으로 미루어 보아 현재의 성황당은 1844년에 중수된 것임을 알 수 있다. 하지만 이미 사당은 그보다 100여 년이 앞선 1740년경에 건립되었다. 이 성황당은 문경새재 제1

성황당에서 주민들이 정월 보름에 동제를 올리고 있다.　　　　　　문경새재 성황당 내부

관문 바로 옆 성벽 위에 위치하고 있는데, 제1관문의 축성 시기가 숙종 34년(1708)인 점을 감안하면 1관문 성의 축성 당시에 성황당도 함께 건립되었음을 알 수 있다. 상량문의 내용을 살펴보면 다음과 같다.

　대저 고을 북쪽에 주흘산 있고, 주흘산 아래에 성황사 있는데, 사당을 지은 지 백년이 넘었으니 영험하신 신령님 날마다 복 주시니 양양하도다! 세월이 점점 오래되어 동량이 낡고 무너졌다. 오늘 지붕을 이으리니 모두가 정성을 다해 소나무 기둥을 세우고 좋은 날에 상량하니 아, 길일이로다. 오직 바라옵기는 상량한 뒤로는 모든 집안 평안하고 온갖 가축 넉넉하여 새는 날갯짓 하고 짐승들 많아지리라. 제비도 날아서 상량을 축하하고 기둥은 번쩍번쩍 햇빛에 빛나네. 새재 성황사 고쳐서 지으니 복록이 함께 새로워지리라. 신령님 이 곳에서 머무시면서 칠십 고을 백성을 어루만지리니. 날개를 편 듯한 성황당이여, 억만 년 우리의 아름다움이로다. 조석으로 피어나는 향기로움 오가는 나그네의 정성이로다. 초하루 보름에 올리는 제사 마을 사람 모두의 기원입니다. 집안엔 십리의 바람을 들이고 문에는 새벽의 명월이 빛나네. 상량한 도리와 튼튼한 기둥은 대장괘의 상서로움 취하였도다. 언덕 같고 꽃 같으니 풍년의 기쁨을 바라옵니다. 하늘이 위에 있어 지극하신 신령님 강림하시리. 우리가 그 복을 받자옵니다. 이 날이 바로 갑진년 봄 이 월이로다. 도광 24년(1844) 2월 10일 기둥을 세우고 같은 달 20일 미시에 상량하나이다.

무속인들이 문경새재 성황당 앞에서 굿을 하는 모습이 자주 목격된다.

문경새재 산신령, 호랑이

조령관과 성황당(1900년대 초반). 무너진 제3관문 옆으로 건물이 보인다. ⓒ 문경시

산을 의지하고 살아가는 사람들은 산신령을 믿는다. 산신은 호랑이 또는 호랑이를 부리는 신이다. 산신제를 지낼 때 호랑이가 좋아하는 소나 돼지를 바치는 것도 그런 까닭이다. 문경새재 산신령도 호랑이이다. 그러나 충성을 다한 호랑이라는 점에서 여느 산신과는 다르다.

문경새재는 깊은 산골이다. 『조선왕조실록』에는 '유이주(柳爾胄, 1726~1797)'라는 인물이 문경새재에서 호랑이를 잡았다는 기록이 있다. 유이주는 전남 구례 운조루의 주인으로, 운조루의 솟을대문에는 오늘날에도 호랑이 뼈가 걸려 있다. 그가 쌀 뒤주에 쓴 '타인능해(他人能解)'는 나눔의 삶을 보여 주는 귀감이 되고 있다.

　지금은 모두 없어졌지만 문경새재 안에 마을이 있었다. 산촌 마을이다. 산을 의지하고 살아가는 사람들은 산신령을 믿는다. 산신은 호랑이 또는 호랑이를 부리는 신이다. 산신제를 지낼 때 호랑이가 좋아하는 소나 돼지를 바치는 것도 그런 까닭이다. 문경새재 산신령도 호랑이이다. 그러나 충성을 다한 호랑이라는 점에서 여느 산신과는 다르다.

　조선 시대 조령의 길을 개척할 때의 일이다. 문경 현감이 조정에 긴급히 전하여야 할 안건이 있어 역졸에게 다음 역까지 문서를 전달하라고 명령했다. 현감의 명령을 받아 문경새재를 넘어가던 역졸은 그만 호랑이에게 변을 당하고 만다. 나중에 이 사실을 알게 된 왕이 분노하여 호랑이를 잡아들이라고 엄명한다. 명을 받은 봉명사는 문경새재에 도착했지만 호랑이를 잡을 묘책이 떠오르지 않았다. 봉명사는 일단 산신당을 찾아 제사를 지내고 어명을 제단 위에 붙여 놓고 인근의 혜국사에 머물면서 소식을 기다렸다. 달빛이 밝은 한밤중, 갑자기 호랑이의 울부짖음이 들리

오늘날 이 성황당은 '산신각'으로 불린다. ⓒ 서헌강

더니 잠잠해졌다. 이튿날 아침, 산신당 제단 앞에는 호랑이 한 마리가 죽어 있었다. 봉명사는 호랑이 가죽을 벗겨 왕에게 바치며 이 사실을 아뢰었다. 그 후부터 새재에서 호환이 사라졌다. 얼마 지나지 않아 전씨라는 사람이 혜국사에 유숙하였는데, 꿈에 새재 산신령이 "나라에 죄를 짓고 아직도 면죄 받지 못했으니 상소하여 죄를 씻어 줄 수 없겠는가?"라고 간청하였다. 전씨가 산신령과의 약속대로 상소를 올리자 나라에서 산신령의 죄를 사해 주었다.

이 이야기에서 호랑이는 곧 산신령이다. 그러나 호랑이도 왕의 신하이다. 죽어서라도 죄를 씻고 싶은 철저한 왕의 신하이다. 깊은 산 속 가장 무서운 존재인 호랑이를 산신으로 추앙해 믿되, 나와 같은 왕의 신하라고 믿는 것이 바로 민중의 마음 씀씀이다.

하초리의 일심각

가을 정취가 아름다운 문경새재

새재 초입 하초리 마을에 '일심각'이라는 정려각이 있다. 정려의 주인공은 '윤소
사'라는 여인이다. 『여지도서』「문경 인물조」에 의하면 윤소사는 남편이 죽자 6년
간 소복을 한 채 절개를 지키다 자결한 인물로 등장한다. 그러나 새재에 전하는
이야기는 다르다.

새재 초입 하초리 마을에 '일심각'이라는 정려각이 있다. 정려의 주인공은 '윤소사'라는 여인이다. 『여지도서』「문경 인물조」에 의하면 윤소사는 남편이 죽자 6년간 소복을 한 채 절개를 지키다 자결한 인물로 등장한다. 그러나 새재에 전하는 이야기는 다르다.

조선 시대 하초리에 노총각과 부부가 이웃하여 살고 있었다. 노총각은 가난했으나 부부는 부자였고 그 부인은 천하의 미색이었다. 어느 날 아침, 아랫집에 살던 노총각이 윗집 남자에게 산삼을 캐러 가자고 유인하였다. 재물과 미색이 탐났던 노총각은 윗집 남자가 엎드렸을 때 미리 준비한 바위로 눌러 죽이고 만다. 해가 져도 돌아오지 않는 남편을 기다리던 아내는 노총각의 꾐에 빠져 같이 살게 되었다. 세월이 흘러 세 아들을 두었다.

소낙비가 몹시 내리던 어느 날, 남편이 떨어지는 빗방울을 보며 싱긋 웃었다. 이상하게 생각한 부인이 왜 웃느냐 다그쳐 묻자 "당신 남편을 죽일 때 흘러내리던 피가 꼭 오늘과 같았다."며 사실을 털어놓았다. 부인은 자신의 불륜에 절망하며 남자와 소생의 자식을 모두 칼로 찔러 죽이고 자신도 목숨을 끊었다. 후에 이 사실이 관청에 알려져 열녀비를 세우게 되었다. 열녀가 묻힌 곳은 하초리 마을 뒷산 소밭등이며, 남편이 죽은 곳은 주흘산 응기뚱이라는 서들이다.

열녀 윤소사를 기리는 하초리의 일심각. 문경새재 초입에 있다.

스스로 목숨을 끊은 열녀이되 내용은 전혀 다르다. 역사 속의 여인은 수동적인 인물이다. 반면 민중들의 이야기 속에 등장한 여인은 적극적이다. 수절하지 않고 다른 남성의 아이를 낳아 살았지만, 그 남성이 남편을 죽인 원수인 것을 안 순간 분노한다. 한없이 순하다가도 강한 민중의 여인인 것이다.

영남대로의 허브, 유곡역

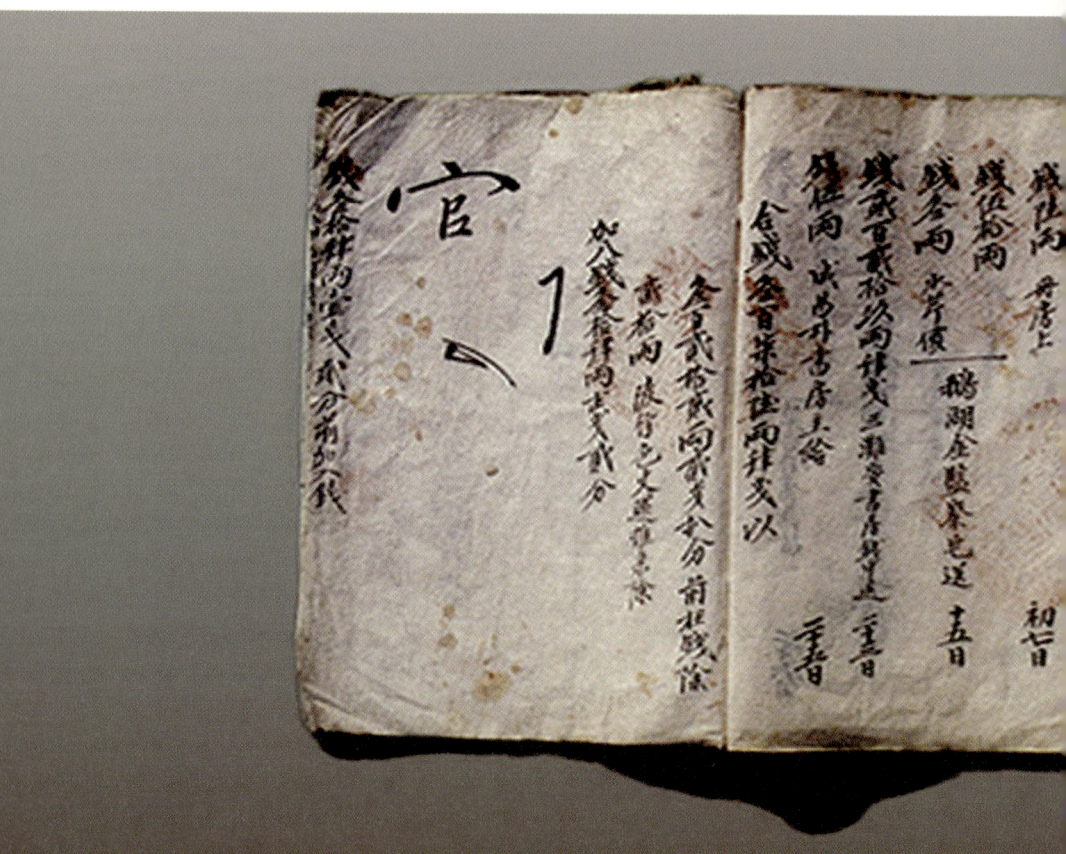

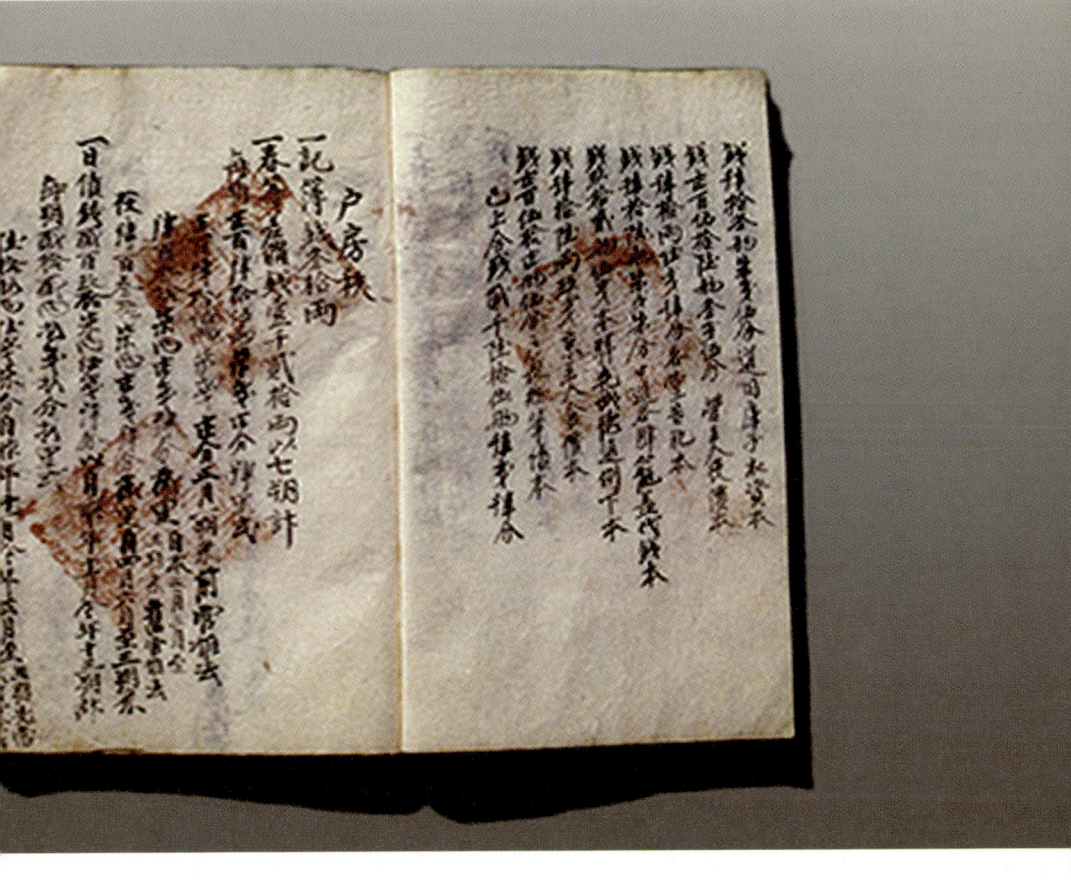

유곡역은 조선 시대 간선도로 가운데 제4로와 제5로가 경유하는 곳으로, 영남 지역에서 서울을 잇는 주요 교통의 요충지였다. 대로는 물론 감영(監營)과 통제영(統制營), 좌수영(左水營)에 이르는 길들이 모두 유곡역을 통과하였다.

역참(驛站)은 중앙과 지방 간의 왕명과 공문서를 전달하고, 물자를 운송하며, 사신의 왕래에 따른 영송과 접대 및 숙박의 편의를 제공해 주는 곳이다. 이와 달리 원(院)은 공무 수행자는 물론 일반 상인이나 여행자들의 숙식을 위해 설치된 시설이다. 원은 상업과 민간 교통의 발달에 중요한 역할을 수행했으나 조선 후기 상업의 발달 등으로 역할이 쇠퇴하거나 혁파되었고 그 기능은 주막, 객주, 여점(旅店) 등으로 옮겨 갔다. 지형이나 교통망에 따라 다르지만 역은 30리마다, 원은 10리마다 설치되는 것이 원칙이었다.

조병로 교수는『한국 근세 역제사 연구』에서 역의 기능을 다음과 같이 정리하였다. 첫째, 역의 기능 중 가장 중요시된 것 중 하나가 왕명의 전달이었다. 중앙과 지방, 지방 각 군현 간의 명령을 전달하는 것이 무엇보다 중요하였다. 공문서를 전송할 때는 반드시 병조의 마문(馬文)에 의거하여 상서원(尙瑞院)에서 발급하는 마패를 지급받아 역마를 이용하였다. 둘째, 역은 나라에 바치던 물건과 세금인 공부(貢賦)와 진귀한 물품이나 토산물을 말하는 진상(進上) 등의 관용 물자를 운송하는 일을 맡았다. 본래 삼남 지방의 세곡과 공물 운송은 대부분 조운(漕運)에 의존했지만, 조선 초 왜구의 창궐과 조운선의 침몰 사고로 육로를 통한 운송이 불가피하였다. 경상도 지역의 경우 역마를 이용하여 충주 가흥창(可興倉)까지 직접 납부하였다. 이후 한강의 수운(水運)에 의거 배를 이용하여 경창(京倉)까지 운반하였다. 셋째, 역은 사신 왕래에 따른 맞이하고 보내는 영송(迎送)과 접대 업무도 담당하였다. 즉 외교적인 측면에서의 역의 역할이라고 할 수 있다. 또 왕명을 받들어 각 지방에 파견된

감영 등에 올린 장계의 초안이
실려 있는 『유곡록』 ⓒ 옛길박물관

봉명사객(奉命使客)을 맞이하고 보냈다.

이러한 역할을 수행하기 위해서 역호(驛戶) 또는 마호(馬戶)를 편성하여 역마를 준비하여 대비시키는 일 또한 역이 맡아야 하는 일이었다. 죄인을 체포·압송하거나 통행인을 규찰하고, 유사시에는 국방의 한 부분을 담당하기도 했다.

유곡역은 조선 시대 간선도로 가운데 제4로와 제5로가 경유하는 곳으로, 영남 지역에서 서울을 잇는 주요 교통의 요충지였다. 대로는 물론 감영(監營)과 통제영(統制營), 좌수영(左水營)에 이르는 길들이 모두 유곡역을 통과하였다. 문광공 홍귀달(洪貴達)은 일찍이 유곡역을 사람 목구멍에 비유하여 말한 적이 있다. 모든 음식물이 넘어가는 목구멍에 병이 나면 음식을 통과시킬 수 없고, 음식이 통과하지 못하면 목숨을 부지할 수 없는 것처럼 유곡역은 그와 같은 역할을 하는 곳이라고 했다.

영의 남쪽 60여 주는 지역이 넓고 인구와 물산이 많은데, 그 수레와 말들이 모두 유곡의 길로 모여들어서야 서울로 갈 수 있고, 서울로부터 남쪽으로 가는 사람도 이 곳을 지나야 그 갈 곳으로 갈라져 가게 된다. 이 역을 사람에게 비긴다면 곧 영남의 목구멍이라 하겠다. 목구멍에 병이 나면 음식을 통과시킬 수 없고 음식이 통과

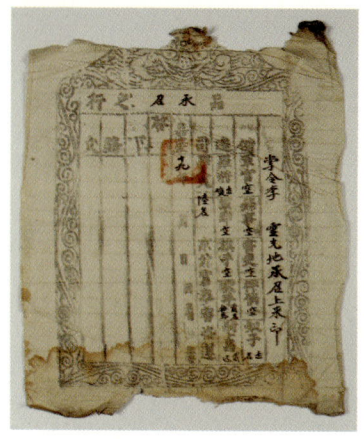
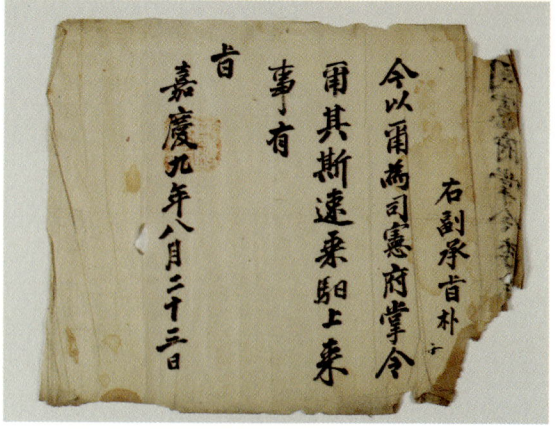

공무로 여행하는 벼슬아치의 도착
예정일을 알려 주는 '노문' ⓒ 옛길박물관

승정원의 승지를 통하여 전달되는 왕명서 '유지' ⓒ 옛길박물관

하지 못하면 목숨을 부지하기를 바랄 수 있겠는가?

―홍귀달(洪貴達, 1438~1504), 〈유곡역 중수기〉에서

고려 시대 때 유곡역은 상주도(尙州道)에 소속된 25개의 속역(屬驛) 중 하나였다. 조선 시대에 들어서면서 유곡역은 기존 상주도에 소속되었던 역로의 대부분을 관장하는 유곡역도(幽谷驛道)로 독립되었다. 1454년에 편찬된 『세종실록지리지』에 유곡도가 보인다. 유곡역에는 찰방이 있어서 유곡도를 관할하였는데, 관할역은 시기에 따라 약간의 들고 나는 것이 있으나 대체로 18~20개 정도였다. 찰방(察訪)은 조선 시대에 각 도의 역참을 관장하던 종6품의 외관직(外官職)을 말한다. 『경국대전』에 보면 조선 초기 전국에 23명의 찰방과 18명의 역승(驛丞)을 두어 총 537역을 관장케 했는데, 1535년(중종 30년)에는 역승을 없애고 전국의 큰 역에 40명의 찰방을 두고 이를 찰방역이라 하였다. 유곡도(幽谷道)는 조선 시대 문경에 위치한 유곡역을 중심으로 한 역도(驛道) 조직을 말한다. 관할 범위는 '문경-함창-상주-선산' 방면으로 이어지는 역로와 '문경-용궁-비안-군위' 방면으로 이어지는 역로를 관장하였다.

유곡동은 아골(衙洞), 마본(馬本), 주막(酒幕), 새마(新里), 한절골(大寺洞) 등 다섯 개의 마을로 이루어져 있다. 아골은 유곡의 중심을 이루던 곳으로, 유곡 서쪽의 재악산

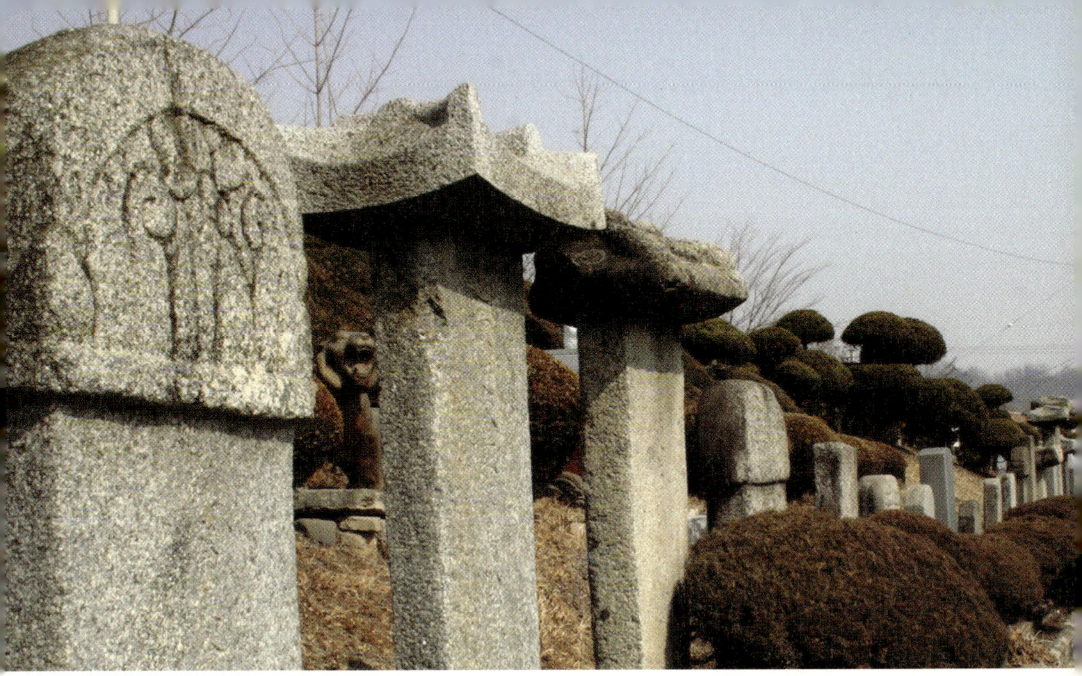

유곡역의 흔적을 보여 주는 선정비군. 박문수의 비석도 있다.

에서 뻗어 내린 작은 구릉지 위에 자리 잡고 있다. 동쪽에서 아골로 들어가면 구릉지의 동쪽 끝에서 서쪽으로 능선을 감싸고 양쪽으로 길이 갈라지는데, 이 북쪽의 길은 문경새재 쪽으로 향하며 남쪽의 길은 함창으로 넘어가게 된다. 마을 이름이 '아골'인 것은 옛날 이 곳에 관아가 있었기 때문이라고 한다.

유곡역의 관아가 있었던 곳은 현재 일반 가옥들이 자리잡고 있어서 정확한 규모를 알 수 없으나, 근래 지표 조사에 의해 일부 유구가 드러나기도 했다. 조선 후기 『영남역지(嶺南驛誌, 1871년)』 「유곡역」 부분에는 동헌(東軒) 6칸 · 내동헌(內東軒) 4칸 · 천교정(遷喬亭) 6칸 · 전명청(傳命廳) 8칸 · 내삼문(內三門) 6칸 · 문루(門樓) 6칸 · 사환고(社還庫) 4칸 · 진휼창(賑恤倉) 20칸 · 수직간(守直間) 4칸 · 작청(作廳) 10칸 · 형리청(刑吏廳) 6칸 · 통인청(通引廳) 4칸 · 관노청(官奴廳) 8칸 · 사령청(使令廳) 5칸 ·

兵曹爲草料事
因公幹慶尚道下去
馬牌
供饋不得侵擾主事如違
光緒
堂上
郞廳

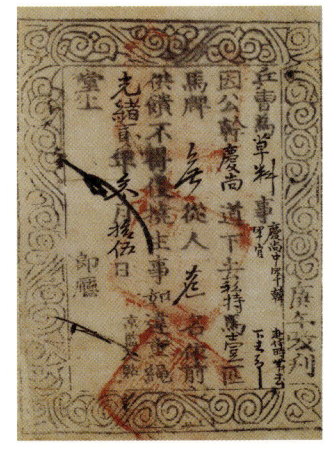

공무로 여행하는 사람이 관으로부터 편의를 제공받는 문서 '초료'
ⓒ 옛길박물관

마단(馬壇) 5칸 등의 건물이 있었고, 시사리(時仕吏) 20인·도장(都掌) 1인·부장(副掌) 1인·방호(防戶) 40명·급주(急走) 7명 등의 역인(驛人)과 상등마(上等馬) 2필·중등마(中等馬) 5필·하등마(下等馬) 5필이 있었다고 기록되어 있어 그 규모를 짐작할 수 있다.

유곡역과 18개 속역

소재지	세종실록지리지	경국대전	유곡역지	현 소재지
문경(聞慶)	유곡	유곡	유곡	문경시 유곡동
〃	요성	요성	요성	문경시 문경읍 요성리
개령(開寧)	덕통	덕통(咸昌)	덕통	상주시 함창읍 덕통리
상주(尙州)	낙양	낙양	낙양	상주시 낙양동
〃	낙동	낙동	낙동	의성군 단밀면 낙정리
	낙원	낙원	낙원	상주시 낙상동
〃	낙서	낙서	낙서	상주시 내서면 낙서리
〃	장림	장림	장림	상주시 화서면 율림리
〃	청리신역			상주시 청리면
〃	공성신역			상주시 공성면
〃	상평	낙평	낙평	상주시 내서면 청하리
선산(善山)	구미	구미	구미	구미시 선산읍 화조리
〃	영향	연향	연향	구미시 해평면 산양리
〃	안곡	안곡	안곡	구미시 무을면 안곡리
〃	상림	상림	상림	구미시 장천면 상림리
비안(比安)	쌍계	쌍계	쌍계	의성군 비안면 쌍계리
	안계	안계	안계	의성군 안계면
예천(醴泉)	수산	수산	수산	예천군 풍양면 고산리
용궁(龍宮)	용궁신역	대은	대은	예천군 용궁면 대은리
〃	지보	지보	지보	예천군 지보면
군위(軍威)	소계	소계	소계	군위군 효령면 화계리

경성(京城) → (중략) → 안부역(安富驛) → 조령동화원(鳥嶺桐華院) → 초곡(草谷) → 문경(聞慶) → 신원(新院) → **유곡역(幽谷驛)** → 덕통역(德通驛) → 낙원역(洛原驛) → 불현(佛峴) → 낙동진(洛東津) → (중략) → 부산진(釜山鎭)

감영(監營, 대구) -대구읍참(大丘邑站) -고평참(高平站) -양원참(楊原站) -연향역(延香참) -낙동참(洛東站) -낙원참(洛原站) -덕통참(德通站) -**유곡참(幽谷站)** -안보참(安保站) →충주 방면(忠州方面)

통제영(統制營, 통영) -구허역(丘墟驛) -송도역(松道驛) -배둔역(背屯驛) -상영역(常令驛) -파수역(巴水驛) -창인역(昌仁驛) -일문역(一門驛) -내야역(內也驛) -쌍산역(雙山驛) -설화역(舌化驛) -팔거역(八莒驛) -인동역(仁同驛) -연향역(延香驛) -낙동역(洛東驛) -낙원역(洛原驛) -덕통역(德通驛) -**유곡역(幽谷驛)** -문경(聞慶) -조령(鳥嶺) →충주 방면(忠州方面)

좌수영(左水營, 동래) -소산역(蘇山驛) -양산(梁山) -내포(內浦) -무흘(無屹) -밀양(密陽) -유천(榆川) -청도(淸道) -오동원참(梧桐院站) -대구(大丘) -고평역(高平驛) -양원역(楊原驛) -연향역(延香驛) -낙동역(洛東驛) -낙원역(洛原驛) -덕통역(德通驛) -**유곡역(幽谷驛)** -요성역(聊城驛) →조령(鳥嶺) →충주 방면(忠州方面)

역마를 준비하라, '유곡역 고문서'

문경 지역의 문중에서 보존하고 있는 '유곡역 고문서(경상북도 유형 문화재 제304호)'는 우리나라 역제 연구에 귀중한 자료로 평가되고 있다. 유곡역 고문서는 이 지역 출신으로 유곡도와 평릉도의 찰방을 역임한 임종수(林宗秀, 1841~1893)가 남긴 고문서이다.

이 고문서는 고종 16년(1879)부터 고종 27년(1890)까지의 교지 12점, 준호구(准戶口) 4점, 충훈부도사로 책정한 첩지 1점, 시권 1점, 유곡역 및 평릉역의 각종 문서 16권과 그 외 충훈부 형조 관련 문서 2점, 간찰 13점 등이다. 특히 『차사출입책(差使出入冊)』에는 포군·사령·구종들의 공수미의 수납·노비의 추쇄 업무 등이 기록되어 있는데, 이는 공무수행의 현황을 파악하기 위한 것으로 보인다. 또 『본각역삼등마안(本各驛三等馬案)』은 역이 교통·운수 및 군사·외교상의 제 기능을 수행하기

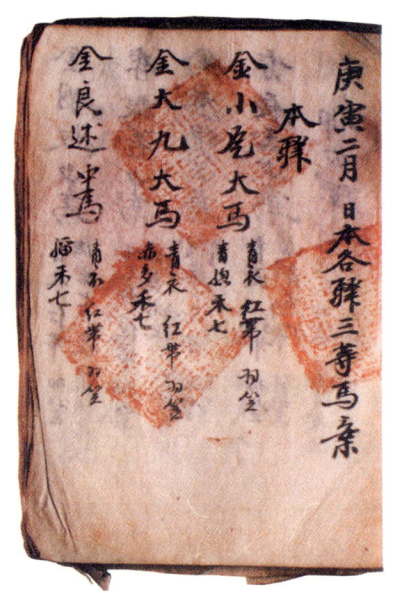

『유곡역 고문서』 중 '본각역삼등마안'.
역마의 등급과 색깔 등이 기록되어 있다. ⓒ 문경시

위한 운송수단으로서 역마의 확보와 관리에 대한 문서다. 역에서는 3년마다 마적(馬籍)을 만들어 본역 등에 비치하여 두고 매월 보름에 역마의 상태를 점검했는데, 이 문건은 유곡도의 마안으로 본역 및 속역의 역마에 대한 일종의 신상명세서라 할 수 있다. 역마의 사육 관리를 담당했던 사람의 이름과 역마의 나이, 빛깔, 장비 등 특징이 상세히 기재되어 있다.

문경의 원

조령원(鳥嶺院) : 새재의 고개 동쪽에 있다. 문경시 문경읍 상초리

요광원(要光院) : 현의 서쪽 15리에 있다. 이화령 아래, 문경시 문경읍 각서리

관음원(觀音院) : 지릅재 밑에 있다. 문경시 문경읍 관음리

관갑원(串岬院) : 관갑(토천) 북쪽에 있다. 문경시 마성면 신현리

회연원(回淵院) : 용연(현재의 진남교 부근) 위에 있다. 문경시 마성면 신현리

개경원(開慶院) : 호계현 서쪽 3리에 있다. 문경시 호계면 호계리 부근

불정원(佛井院) : 호계현 서쪽 8리에 있다. 문경시 불정동 원골

보통원(普通院) : 호계현의 남쪽, 본현에서 45리에 있다. 문경시 공평동 진곡

동화원(桐華院) : 현의 서쪽 15리에 있다. 문경시 문경읍 상초리 동화원

견탄원(犬灘院) : 견탄 북쪽 기슭에 있다. 문경시 호계면 견탄리

화봉원(華封院) : 문경시 문경읍 마원리

다방원(茶方院) : 문경시 모전동 문경시청 부근

당교원(唐橋院) : 문경시 모전동 당교 부근

관천원(串川院) : 문경시 영신동 부근

반암원(班岩院) : 문경시 산양면 반곡리 부근

옛길의 백미, 토끼비리

한국의 차마고도 '토끼비리' ⓒ 서헌강

토끼비리는 국가지정문화재 명승 제31호로 지정되어 있다. 이 곳을 지칭하는 말은 '관갑천', '곶갑천', '토천', '토잔', '토끼비리' 등으로 다양하다. '한국의 차마고도'로 불리는 곳이며, 옛길의 백미(白眉)로서 손색이 없는 곳이다.

문경새재에서 남쪽으로 15km 지점에 위치하고 있는 토끼비리는 국가지정문화재 명승 제31호로 지정되어 있다. 이 곳을 지칭하는 말은 '관갑천', '곶갑천', '토천', '토잔', '토끼비리' 등으로 다양하다. '한국의 차마고도'로 불리는 곳이며, 옛길의 백미(白眉)로서 손색이 없는 곳이다.

　『신증동국여지승람』에는 "관갑천은 용연의 동쪽 벼랑을 말하며 토천(兎遷)이라고도 한다. 돌을 파서 만든 잔도(棧道)가 구불구불 6, 7리나 이어진다. 전해 오는 얘기에 의하면 고려 태조 왕건이 남정시에 이 곳에 이르렀는데 길이 막혔다. 마침 토끼가 벼랑을 타고 달아나면서 길을 열어 주어 진군할 수 있었으므로 '토천'이라 불렀다고 한다."라고 기록되어 있다.

　'잔도'는 '나무사다리 길'을 말하며, '천도(遷道)'는 절벽을 파내고 만든 '벼랑길'을 말한다. '비리' 라는 말은 '벼루' 의 문경 사투리로서 낭떠러지 아래에 강이 흐르거나 해안을 끼고 있는 곳을 말하는 것으로, 벼랑과는 구별된다. 지역에 따라 '베리', '베랑' 등으로도 불린다.

　서기 156년 신라 아달라이사금 3년에 계립령이 개통되었고, 조선 초기에 문경새재가 개통되어 그 역할을 이어받아 큰 길(嶺南大路)로서 그 임무를 수행하기까지 무려 1800여 년 동안의 발자국이 토끼비리에 새겨져 있다. 바위에 새겨진 발자국은 수많은 사람들의 짚신에 스쳐 대리석보다 더 반질반질 닳아 있다. 현재 400m 구간

경사도 70%에 이르는 산기슭에 옛길이 아스라이 보인다. ⓒ문경시

권신응의 〈봉생천(1744)〉, 멀리 토끼비리로 사람들이 지나가고 있다. ⓒ 안동 권씨 화천군파 종중

이 옛 모습 그대로 남아 있는데, 병풍바위와 만나는 지점에는 凹자 안부(鞍部)가 인공적으로 파여있다.

　조선 초기의 문장가 별동 윤상(1373~1455)과 사가 서거정(1420~1488)은 문경 팔영을 읊으면서 '관갑잔도(串岬棧道)'에 대해서도 한수를 남겼다. 모두 구절양장을 생각나게 하는 험한 길이었음을 이야기하고 있다.

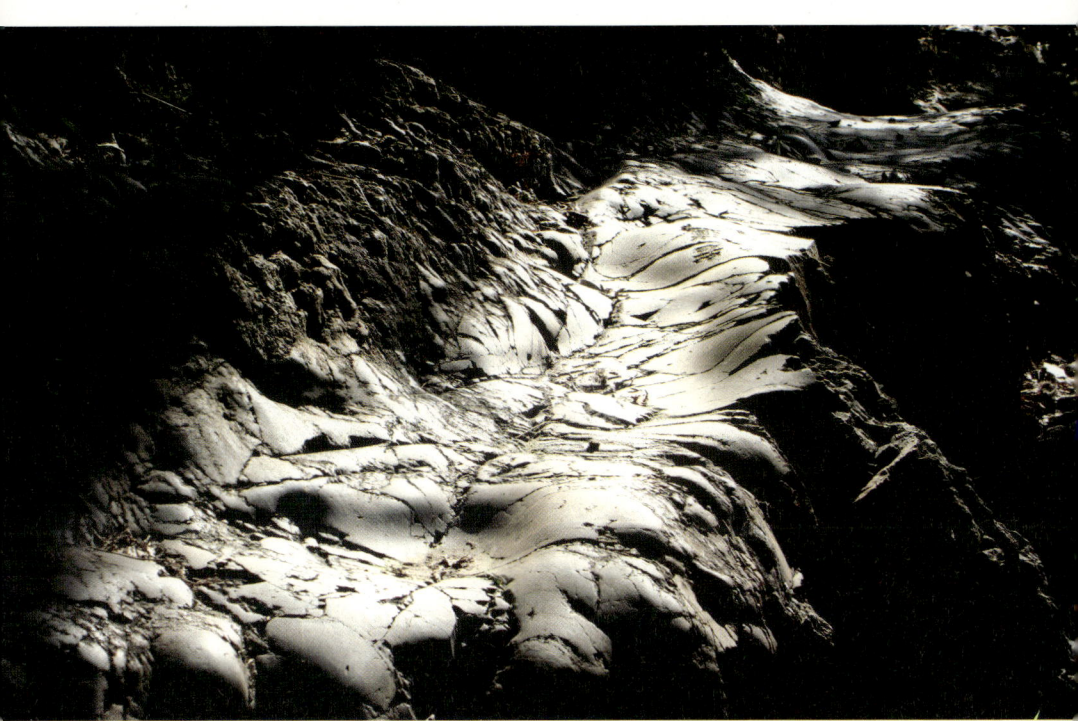

1800여 년 동안 짚신에 닳아 바윗길이 반들반들해진 토끼비리

윤상

험한 산길은 양 창자와도 같고

위태로운 봉우리 말귀처럼 기이해

한 뼘 나갔다가 다시 돌아서야 하니

조심해서 더딘 것을 탓하지 마소서.

路險羊腸曲 / 峯危馬耳奇 /

寸前還人退 / 愼走莫嫌遲

서거정

꼬불꼬불 양 창자 같은 길이여

꾸불꾸불 오솔길 기이키도 하여라

봉우리마다 그 경치도 빼어나서

내 가는 길을 막아 더디게 하네.

屈曲羊腸路 / 逶迤鳥道奇

峯巒一一勝 / 遮莫馬行遲

용재 이행(李荇, 1478~1534)도 '토천(兎遷)'이라는 시에서 이 곳의 험준함을 노래하였다.

이 행

예전엔 얼음과 눈 시내에 가득하여서

여윈 말 벌벌 떨며 걸음마다 넘어졌지

오늘은 가는 길 역관에 편안히 들러서

그 곳에 잠깐 머물러 향긋한 회를 먹었네.

往時氷雪塞長川 / 瘦馬凌兢步步顛 /

此日郵亭安穩過 / 少留還爲膾芳鮮

서애 유성룡은 『징비록』에서 "문경 남쪽 십여 리 밖에는 옛 성인 고모성이 있다. 이 성은 좌도 우도 경계에 있고, 양쪽의 산 벼랑은 묶어 세운 듯하며, 큰 내가 그 가운데로 흐르고 그 아래에 길이 있어 몹시 험준한 곳이었다. 원래 적들은 여기서 지키는 군사가 있을까 두려워해서 사람을 놓아 재삼 와서 탐지했다. 그러나 아무도 없음을 알자 좋아라고 노래를 부르면서 지나갔다." 라고 기록하고 있을 정도로 이 곳은 국방상의 요충지 이기도 하다.

토끼비리의 금석문

최근 토끼비리 주변에서 두 개의 금석문이 발견되었다. 이 금석문은 자연적으로 형성된 바위에 새겨 놓은 것으로, 토끼비리 옛길의 개보수와 관련된 내용이다. 중부 내륙 고속도로 교량 근처에 새겨 놓은 금석문은 순치 갑오년(1654)의 것으로 석수, 철물시주, 견탄, 조선, 목수, 공양주 등의 각자가 확인된다. 다른 하나는 현재 명승으로 지정되어 있는 구간의 중간쯤에 위치하고 있는데, 강희 53년(1714)의 것으로 토잔로, 개수, 화주, 공양주승, 별좌승 등의 각자가 확인된다.

1654년의 토끼비리 금석문

順治 甲午 九月 日

石手 發願 金受龍 乃主 金祝生

鐵物 施主 片手 金〇〇只

朴〇見 金應尙 李貴仁 朴㐫守

犬灘造船

鐵物施主金

木手 河貴千 施主 金永日 乃主

金一万 供養主

崇密

宋㐫男 敬海

保身 造船 路修 大化主 法英

토끼비리 보수 기록이 새겨져 있다.

1714년의 토끼비리 금석문

康熙 五十三年 甲午 三月 日

兎棧路 改修 ○○○○ 石上

大化主 呂泉 金仁立

赤谷 吳卜一

尙州 金礼遠

山○ 沈起立

化主 處士 林守崗

朴信明 朴信明

禹白業 禹○○

供養主僧 永重

別佐僧 太全

나그네는 나무 아래 쉬어가고

꿀떡고개에 복원된 주막. 끈끈한 꿀떡을 먹으며 합격을 기원했다.

과거를 보러 가는 선비들은 이 꿀떡고개에서 반드시 꿀떡을 먹었다고 한다. 여기
에서 꿀떡을 먹어야 과거에 급제한다는 말을 이미 들었기 때문이다. 꿀떡을 한
입 베어 문 선비는 힘찬 발걸음으로 한양으로 향했고, 결국 장원급제하여 금의환
향했다고 한다.

　진남교반 돌고개 마을의 성황당은 영남대로가 지나는 곳이다. 일정한 경계를 이루고 있는 고갯마루에는 일반적으로 돌무더기나 장승, 동신목과 같은 신앙의 대상물이 자리 잡고 있는 경우가 많다. 영남대로상 가장 험난한 구간 중 하나였던 토끼비리의 돌고개(石峴)에는 여신이 모셔져 있는 성황당과 함께 동신목, 돌무더기가 함께 자리잡고 있는 복합 경관을 연출하고 있다. 이 모두는 큰길가나 노변 마을에 나타나는 도로 표지로서의 기능을 잘 나타내고 있는 것이라고 할 수 있다.

　옛 기록에는 도로 표지와 관련한 국가의 정책이 자주 시행되었음을 살펴볼 수 있다. 먼저 태종 14년 10월조에는 "…옛 제도에 의하여 척(尺)으로써 10리를 재어서 소후(小堠)를 설치하고, 30리에 대후(大堠)를 설치하여 1식(息)으로 삼으소서."라는 기록이 있다. 또 태종 15년 12월에는 "…매 10리마다 소표(小標)를 두고, 30리마다 대표(大標)를 두되, 돌로도 쌓고 흙으로도 쌓아 그 편의에 따라 하는 것이 어떻겠습니까?"하는 기록도 있다. 또 세종 23년 8월에는 "…새로 만든 보수척(步數尺)으로 이를 측량하여 매 30리마다 하나의 푯말을 세우되, 혹은 흙과 돌로 모아 놓던가, 혹은 수목을 심어서 표지하게 하소서."라는 기록이 있으며, 단종 1년 5월에는 "오는 봄부터 경외의 큰 길 좌우에 흙의 알맞은 데에 따라서 소나무, 잣나무, 배나무, 밤나무, 느티나무, 버드나무 등의 나무를 많이 심고 벌목하는 것을 금지하소서."라고 하였다. 이처럼 노변에 위치한 돌무더기나 동신목 등은 국가의 정책 하에 도로 표지로 작용하던 것이 마을 공동체 신앙의 대상으로 자리 잡은 경우도 있었다. 이 성황당의 전설은 한때 텔레비전 속에서 자주 비추던 전형적인 '전설의 고향'을 연상케 한다.

돌고개 성황당 전경 ⓒ 서헌강

　옛날 과거 길에 오른 어느 선비가 이 곳의 조그마한 초가집에서 하루를 묵게 되었다. 그 집에는 아버지와 딸이 살고 있었는데, 아버지는 이 선비의 인품이 범상치 않음을 알고 자기 딸을 맡아 달라고 간청하여 승낙을 받았다. 선비는 며칠을 머물다가 과거 길을 재촉하였고 과거에 급제한 후 다시 만날 것을 약속하였다. 처녀는 매일 치성을 올리며 기다렸고, 선비는 급제하였으나 약속을 잊어버리고 수 년이 흐

돌고개 성황당 내부

르게 되었다. 아버지마저 죽고 선비는 돌아오지 않자, 고생을 참다 못한 처녀는 선비를 원망하며 자결하였고, 그 후 큰 구렁이로 변하였다.

비바람이 몰아치고 천둥번개가 치는 날이면 이 곳을 지나는 나그네들이 구렁이에게 해코지를 당하여 피해를 입는 일이 자주 일어났다. 이 소문은 온 사방에 퍼졌다. 선비는 그때서야 이 구렁이가 그 처녀의 원귀임을 알았고, 그 원혼을 위로하고자 정성스럽게 제사를 올렸다. 천둥번개와 함께 구렁이가 나타나 눈물을 흘리며 사라진 뒤로는 이런 일이 없어졌다. 마을 사람들은 이 처녀의 혼을 위로하기 위해 이 곳에 성황당을 짓고 매년 제사를 지내고 있다.

이 곳에는 또 다른 전설이 전하고 있다. '꿀떡고개' 이야기가 그것이다. 토끼비리 입구에는 돌고개가 있고, 마을 이름도 돌고개 마을이다. 이 고개의 또 다른 이름이 '꿀떡고개'이다. 꿀떡을 파는 떡점이 있어서 꿀떡고개이기도 하고, 숨이 차올라 '꼴딱고개'이기도 하다. 과거를 보러 가는 선비들은 이 꿀떡고개에서 반드시 꿀떡을 먹었다고 한다. 여기에서 꿀떡을 먹어야 과거에 급제한다는 말을 이미 들었기 때문이다. 꿀떡을 한 입 베어 문 선비는 힘찬 발걸음으로 한양으로 향했고, 결국 장원급제하여 금의환향했다고 한다. 예나 지금이나 시험에 합격하기 위해서는 찰지고 끈끈한 점성(黏性)이 있는 음식을 먹거나 붙이면 합격한다는 주술적인 믿음이 이 고개에서도 회자되고 있었다.

돌고개 성황당 상량문

　1999년에 문경시 마성면 신현리 돌고개마을 성황당의 전면적인 개수 작업이 이루어졌는데, 건립 당시의 상량문 1점과 중수 상량문 1점이 각각 발견되었다. 건립 상량문은 1797년에 작성된 것이며, 중수 상량문은 1890년에 작성된 것이었다. 그 중 건립 당시의 상량문은 다음과 같다.

　엎드려 생각건대, 신명이 이르심은 나라의 소관이고 명산대천 제사는 법도가 있었도다. 같은 무리라야 흠향한다 말하지만 방법이 많음도 징험할 수 있으리라. 하물며 영남의 관방은 서쪽으로 태백이오, 새재의 험준함 남쪽 왜적 막았도다. 평평한 들판이 마을에 잇닿았고 이정표 사이로 시냇물 감아든다. '돌고개'라 불린 지 오래되었다. 나그네는 나무 아래 쉬어서 가고 언덕에 살던 사람 전설도 많았으리. 초나라 들판에선 노랫가락 들리는데 우나라 사당에선 종이 돈 안 태우네. 성황당 지으려 좋은 날 잡았다. 돈이야 쌀이야 내남 없는 정성으로 선남선녀 우리 모두 전심전력하였다. 꾸미지 않음은 민자사당 같이하고 제사를 받듦은 무후사당 따랐도다. 술동이 소고기에 신령님 돌보시고 흰구름 푸른 산이 검박함 드러낸다. 얼씨구절씨구 지화자 좋다. (하략) …가경 원년(1796) 정월 13일 사시에 상량하나이다.

우리나라 최초의 고개, 하늘재

우리나라에서 가장 오래된 도자기 가마인 관음리 망댕이가마 ⓒ 엄원식

문자 기록이 남아 있는 역사 시대에 있어서 우리나라 최고(最古)의 고개는 어디일
까? 하늘재는 조선 초기 문경새재에 그 역할을 넘겨 주면서 관도로서의 기능은
잃었지만 보부상과 같은 장사꾼의 이동과 문경 도자기의 생산과 유통 등에서 빼
놓을 수 없는 의미를 지니고 있다.

우리나라에서 가장 오래된 고개는 어느 곳에 있는 어느 고개일까? 정답은 알 수 없다. 선사 시대 어떤 사람이 앞산 너머 개울에 고기잡이를 위해 넘었던 앞산의 고개일 수도 있고, 또 어느 부족이 이웃 부족과 전쟁을 치르기 위해 넘었던 뒷산의 고개일 수도 있다. 그렇다면 선사 시대를 빼놓고, 문자 기록이 남아 있는 역사 시대에 있어서 우리나라 최고(最古)의 고개는 어디일까? 정답은 이 글의 제목에 이미 나와 있다. 문경시 관음리와 충주시 미륵리를 잇는 고개, 바로 '하늘재'가 가장 오래된 고개다.

　『삼국사기』에 하늘재는 서기 156년, 신라 아달라이사금 3년에 개통된 '계립령'이라는 고개다. 지금으로부터 1800여 년의 역사를 자랑한다. 영주와 단양을 잇는 죽령은 그로부터 2년 후에 개척되었다. 이렇게 장구한 세월을 이어 온 고개이다 보니 시대와 국가에 따라서 그 이름도 다양하다. 계립령(鷄立嶺), 계립현(鷄立峴), 마목현(麻木峴), 마골령(麻骨嶺), 마골참(麻骨站), 겨릅재, 지릅재, 대원령(大院嶺), 한원령(限院嶺), 한훤령(寒喧嶺), 하니재, 한티, 천티(天峙) 등의 별칭을 갖고 있다. 껍질을 벗긴 삼(麻)의 줄기를 가리키는 '겨릅'에서 이두식으로 음을 빌린 것이 '계립령'과 '계립현'이고, 뜻(訓)을 빌린 것이 '마목현', '마골령', '마골참'이다. 이 고개 옆에는 베바우산, 곧 포암산(布岩山)이 있다. 베바우산은 온통 흰 암벽으로 덮여 있는데, 마치 베를 넓게 펴 놓은 것처럼 보인다고 해서 붙여진 이름이다. 겨릅과 베바우는 삼에서 파생된 물건으로, 서로 통하는 면이 있다. 대원령은 미륵리에 위치한 고려 시대의 큰

하늘재 표지석.
고대에는 하늘재, 중세에는 문경새재, 근현대에는 이화령으로 그 역할이 넘어 왔다. ⓒ 권갑하

원터였던 '미륵대원'에서 따온 것이다.

　오늘날 하늘재로 불리게 된 이유는, '대원령'이 '한원령'으로 변하고 다시 '하니재'로 변하여 '하늘재'가 된 듯하다. '천티'나 '한티' 역시 하늘재의 어원을 짐작케 한다. 그러나 사람들은 모두 순우리말 '하늘재'로 부르고 있다. 하늘재! 하늘로 가는 고개 아니면 하늘처럼 높은 고개라는 뜻일까?

하늘재 옛길, 우리나라에서 가장 오래된 고개이다.

계립령 유허비, '계립'은 '겨릅'을 음차한 것이다.

당시 신라는 한강 유역으로 진출하기 위하여 군사도로로서 하늘재를 개통하였지만, 교통로로서 크게 활용하지는 못하였다. 그 후 하늘재는 신라와 고구려 어느 나라도 장악하지 못하고, 그저 국경을 상징하는 고개로 남아 있었다. 6세기 중반 한강 유역에 진출한 신라는 중국으로 통하는 해상 교통로를 확보하고, 대내외 육상 교역로로서 하늘재를 활용한다. 서기 590년경, 아름다운 러브 스토리의 주인공 고구려의 온달 장군은 "계립령과 죽령의 서쪽이 우리에게로 돌아오지 않으면 나도 돌아오지 않겠다."는 말을 남기기도 했다.

이외에도 하늘재는 불교문화의 전파 등에 주요한 통로였다. 하늘재 남쪽 문경 관음리 일대에는 관음리 석불입상, 석조반가사유상, 갈평리 오층석탑이 남아 있다. 북쪽 충주 미륵리 사지는 고려 시대 석굴사원이다. 발굴 결과 '미륵당(彌勒堂)', '원주(院主)'라는 명문 기와가 나오기도 했다. 석불입상은 보물 제96호로 지정되어 있으며, 석굴사원 앞쪽에는 오층석탑(보물 제9호), 석등, 귀부, 당간지주, 불상대좌 등의 석조물들이 남아 있다.

하늘재는 조선 초기 문경새재에 그 역할을 넘겨 주면서 관도로서의 기능은 잃었지만 보부상과 같은 장사꾼의 이동과 문경 도자기의 생산과 유통 등에서 빼놓을 수 없는 의미를 지니고 있다.

하늘재에서 노래하다

퇴계 이황의 『퇴계집 속집(退溪集續集)』에는 1546년(병오년) 〈관음원에서 비를 피하다〉라는 시가 실려 있다. 비 내리는 관음원에서 하늘재가 폐쇄되곤 하는 반복 속에서 임금을 그리는 마음은 변함이 없음을 노래하고 있다.

주흘산 머리에 구름은 넓고 아득한데	主屹山頭雲漠漠
관음원 안에는 비 주룩주룩 내리고 있네	觀音院裏雨浪浪
고갯길이 거듭 가려진 것 애석하긴 하지만	卻憐關嶺雖重蔽
님 그리는 이내 마음을 막지는 못하리라.	不隔思君一寸腸

한편, 하늘재 아래의 신북천을 따라 구곡을 경영한 옥소 권섭은 『옥소고(玉所稿)』에서 '신북구곡(身北九曲)'의 마지막 곡으로 하늘재인 '대원(大院)'을 꼽고 노래하였다.

구곡이라 높이 오르니 눈앞이 탁 트여	九曲登高始豁然
모르겠네 여기가 시냇물 시작하는 곳인지	不知斯處是窮川
발 아래 수많은 산 봉우리가 즐비하니	千山在下千峰立
해와 달과 구름과 안개 이곳이 별천지라.	日月雲烟是別天

문경 도자기의 생산과 찻사발

하늘재 주변에는 도요지가 많이 분포하고 있다. 문경시 관음리에서만 20여 개 이상의 백자 가마터가 확인되었다. 문경 도자기의 가치는 오늘에 이르러 더욱 주목을 받고 있다. 문경 도자기만의 특징이라고 할 수 있는 역사성과 전통성이 있기 때문이다. 국가 및 지방의 무형문화재 '사기장'의 배출과 무관하지 않다. 도자기를 생산하는 데 있어서는 여러 가지 조건이 잘 갖추어져 있어야 한다. 그 중에서도 양질의 사토(沙土)와 물, 땔감, 판로(販路) 등은 필수적이다. 백두대간이 동서로 뻗어 있는 이 지대에는 사토광맥의 매장량이 풍부하여 사토를 쉽게 구할 수 있고, 계곡에는 풍부하고 맑은 물이 흐르며, 숲은 방대한 양의 땔감을 공급하였다. 또한 하늘재와 같은 교통로가 발달하여 남한강과 낙동강의 수운(水運)으로 접근하는 데 용이했다. 우리나라에서 가장 오래된 '망댕이가마(경상북도 민속 자료 제135호)'도 보존되어 있다.

최근 '문경 전통 찻사발 축제'가 높게 평가받고 있다. 1999년 당시 옛길 박물관의 전신이었던 문경새재박물관 마당에서 자그마하게 축제를 시작할 때, 글쓴이는 '다완(茶盌)'이라는 일본식 용어가 맘에 들지 않았다. 국어사전에도 없는 낱말이었다. '도자기'라는 보편적인 용어도 탐탁하지 않았다. 당시, 국립국어원에 질의를 하고 새롭게 찾아 내어 만든 낱말이 '찻사발'이었다. 문경 도자기의 전통과 오늘날의 생산 체계 속에서 어울리는 말이었다. 축제가 거듭될수록 글쓴이에게는 작은 보람이 되고 있다.

에필로그

　문경새재에서 일하면서 생활한 지 10여 년이 지났다. 박물관에서 유물을 수집하여 연구하고 전시하는 본연의 일보다 문경새재를 소개하고 설명하는 일이 더 많았다. 다행히 선학들의 연구 성과를 귀동냥하듯 알게 되었고, 가끔씩 옛 책에서 문경새재 자료를 발견하면 여간 기쁜 일이 아니었다. 그 때마다 잘 다듬고 모아서 한 권의 책으로 엮어보리라는 생각을 하게 되었다. 그러나 글로 다듬어 내는 일은 쉬운 일이 아니었다. 그래서 문경새재에 늘 빚진 마음이었다.

　향토사 중심의 문경새재박물관을 '옛길박물관'이라는 이름으로 새단장하였다. 그 사이 온 나라에 걷는 열풍이 불었다. 제주 올레길과 지리산 둘레길을 필두로 방방

곡곡에 도보 여행을 위한 길들이 만들어지고 있다. 우리나라에서 가장 역사적이고도 아름다운 옛길인 문경새재를 소개하는 변변한 책 한 권 없다는 것도 내 책임 같았다.

문경새재는 세계문화유산의 가치로 재평가되어야 한다는 이야기가 바깥으로부터 들려오고 있다. 더 크고 확장된 눈으로 문경새재를 바라봐야 할 때가 되었다. 문경새재가 가지고 있는 '뛰어난 보편적 가치(Outstanding Universal Value)'는 여러 곳에서 확인된다. 동아시아 문명 루트의 한 축으로서 정치·경제·사회·문화의 소통로였다는 점이 가장 중요하다. 문경 조령관문과 옛길은 그 증거물인 셈이다. 이 속에서 다양한 문화유산과 자연유산, 기록유산 들이 그물망처럼 얽히어 진정성(authenticity)과 완전성(integrity)을 담보해 내고 있다. 이것을 다시 찾아서 가꾸어 내는 일들이 우리의 몫이다.

참고 문헌

고정옥, 『조선민요 연구』, 수선사, 1949

국립대구박물관, 『4백 년 전 편지로 보는 일상』, 2011

권갑하, 『왕건과 떠나는 문경새재 답사여행』, 세시, 2000

김기현. 『'문경새재 소리 아리랑'의 아리랑사적 위상』, 한국민요학 29, 2010

김시명, 『꽃을 보듯 가볍게』, 한림문화사, 2004

김열규, 『아리랑… 역사여, 겨레여 소리여』, 조선일보사, 1987

김하돈, 『마음도 쉬어가는 고개를 찾아서』, 실천문학사, 1999

도도로키 히로시, 『일본인의 영남대로 답사기』, 한울, 2000

문경새재박물관, 『길 위의 역사 고개의 문화』, 실천문학사, 2002

문경새재박물관, 『선현들과 함께 넘는 문경새재』, 문경시, 2004

문경새재박물관, 『옛 지도로 보는 문경과 백두대간』, 문경시, 2004

문경새재박물관, 『조선왕조실록에 나타난 문경』, 문경시, 1998

문경시 · 안동대학교박물관, 『문경새재 지표 조사 보고서』, 2004

문경시, 『문경 주흘산 조령원터 유구조사결과보고서』, 국립경주문화재연구소, 1997

문경시, 『사진으로 보는 문경의 근대 100년사』, 경일, 2005

문경시, 『문경의 명산』, 1996

문경시, 『문경지(증보판)』, 2002

문경시, 『유곡역 지표 조사 보고서』, 1995

박성수, 『저상일월』, 민속원, 2003

배재수, 「미륵리 봉산 석표에 관한 연구」, 『한국임학회지』 88, 1999

백두현, 『현풍 곽씨 언간 주해』, 태학사, 2003

샤를르 바라/사이에롱 지음, 성귀수 옮김, 『조선 기행』, 2006

신영훈 외 2인, 『조령관 내 전조령원 구기 발굴 조사 개보』, 문경군, 1978

신정일, 『영남대로』, 휴머니스트, 2007

신후식, 『유곡역도』, 문경문화원, 1988

신후식, 『조령산성-문경문화유적 I』, 군성출판사, 1980

안태현, 「문경 지역 영남대로변의 공동체신앙과 지역성」, 『민속문화의 지역성과 보편성』, 집문
　　　당, 2000

안태현, 「문경새재 성황신과 최명길 이야기의 전승과 역사적 배경」, 『읍치와 성곽』, 민속원, 2010

이원명, 『조선시대 문과 급제자 연구』, 국학자료원, 2004

이종호, 「조선 중기 안동처사층의 자화상과 내재된 고심」, 『안동문화』 16, 1995

예성동호회, 『예성문화』 제7호 −계립령 특집, 1985

임병섭, 『문경군지』, 문경향토지간행회, 1965

전규홍, 『가슴으로 느끼는 역사의 숨결 − 문경새재』, 세종출판사, 1996

조병로, 『한국근세 역제사 연구』, 국학자료원, 2005

차용걸, 「조령 관방 시설에 대한 연구(1)·(2)·(3)」, 『사학연구』 『한국사학논총』, 『중원문화재연구』

최영준, 『한국의 옛길 영남대로』, 고려대학교 출판부, 2004

최일성, 「역사적으로 본 조령로와 충주」, 『사학연구』 58·59호, 한국사학회, 1999

편해문, 『문경의 민요와 아리랑을 찾아서』, 문경시, 2008

한양명, 「진도 아리랑타령 연구」, 중앙대 석사학위논문, 1988

한태문, 「조선통신사와 문경새재」, 옛길박물관, 2011(미간행)

황위주, 「문경새재와 한시」, 옛길박물관, 2011(미간행)

※ 책의 편제상 일일이 각주를 달아 전거를 밝히지 못한 점 양해바랍니다.

빛깔있는 책들